CAXA CAD 2023
实战从入门到精通

布克科技 孙万龙 矫红英 乔艳辉 兰春萍 ◎编著

人民邮电出版社

北 京

图书在版编目（CIP）数据

CAXA CAD 2023实战从入门到精通 / 布克科技等编著
. -- 北京 ：人民邮电出版社，2024.6
ISBN 978-7-115-63576-1

Ⅰ. ①C… Ⅱ. ①布… Ⅲ. ①自动绘图－软件包
Ⅳ. ①TP391.72

中国国家版本馆CIP数据核字(2024)第072537号

内 容 提 要

本书面向初学者，采用边讲边练的方式，从易到难，系统、全面地介绍 CAXA CAD 电子图板各项命令的操作方法与应用技巧。各章均配有实例讲解，通过对这些实例的学习，读者可以轻松掌握 CAXA CAD 电子图板的基础知识和应用方法。

全书共 10 章：第 1 章介绍 CAXA CAD 电子图板的特点及用户界面、基本操作、文件管理等，第 2 章介绍 CAXA CAD 电子图板的系统显示与界面操作设置，第 3 章和第 4 章介绍基本曲线和高级曲线的绘制方法，第 5 章和第 6 章介绍曲线与图形的修改、编辑方法，第 7 章到第 10 章介绍图纸幅面、工程标注、标注编辑、块操作、图库操作、系统查询等知识。

本书内容丰富，条理清晰，选例典型，针对性强，可作为职业学校机电类专业机械 CAD/CAM 相关课程的教材，也可作为相关工程技术人员的培训教材。

◆ 编　著　布克科技　孙万龙　矫红英　乔艳辉　兰春萍
　　责任编辑　李永涛
　　责任印制　胡　南

◆ 人民邮电出版社出版发行　　北京市丰台区成寿寺路 11 号
　　邮编　100164　电子邮件　315@ptpress.com.cn
　　网址　https://www.ptpress.com.cn
　　固安县铭成印刷有限公司印刷

◆ 开本：787×1092　1/16
　　印张：17.5　　　　　　　　　　2024 年 6 月第 1 版
　　字数：448 千字　　　　　　　 2024 年 6 月河北第 1 次印刷

定价：89.90 元

读者服务热线：(010)81055410　印装质量热线：(010)81055316
反盗版热线：(010)81055315
广告经营许可证：京东市监广登字 20170147 号

前　言

CAXA CAD 电子图板是一款专业的二维 CAD 软件，是根据我国机械设计国家标准开发的。这款软件具有自主的 CAD 内核和独立的文件格式，支持第三方应用开发，能适配新的硬件和操作系统。

CAXA CAD 电子图板不仅可以提供海量的新图库，还可以低风险地替代各种别的 CAD 平台，使工程师的设计效率大大提升。经过大中型企业及百万工程师的应用验证，该产品已广泛应用于航空航天、装备制造、电子电器、汽车及零部件、国防军工、教育等行业。

CAXA CAD 电子图板 2023 在绘图功能、启动速度等方面进行了优化，同时新增和改进了多项功能。在产品更新方面，CAXA CAD 电子图板表现出色，已经累计更新了十几个大版本和 30 多个小版本，始终与我国的最新机械设计国家标准保持同步，满足用户的需求。

本书特点和内容

（1）本书结合软件特点组织及编排内容，系统地介绍 CAXA CAD 电子图板的基本操作、绘图方法及作图的实用技巧等，并提供丰富的绘图练习。

（2）本书采用"知识点+实例"的方式，以绘图实例贯穿全书，将理论知识融入大量的实例中，使读者在实际绘图的过程中轻松地掌握理论知识，提高绘图技能。

本书共 10 章，各章主要内容介绍如下。

- 第 1 章：介绍 CAXA CAD 电子图板的特点、用户界面、基本操作及文件管理。
- 第 2 章：介绍系统显示与界面操作设置。
- 第 3 章：介绍基本曲线的绘制方法。
- 第 4 章：介绍高级曲线的绘制方法。
- 第 5 章：介绍修改与编辑方法。
- 第 6 章：介绍绘图的编辑方法。
- 第 7 章：介绍图纸幅面的设置方法。
- 第 8 章：介绍工程标注与标注编辑。
- 第 9 章：介绍块操作和图库操作。
- 第 10 章：介绍系统查询方法。

本书配套资源

本书配套资源主要包括以下两部分。

1．".exb"图形文件

本书练习需要用到的".exb"图形文件都收录在配套资源的"素材"文件夹中，读者可以参考这些文件进行操作。

2．".mp4"视频文件

本书针对部分练习的设计过程录制成了".mp4"视频文件，并收录在配套资源的"操作视频"文件夹中。

参与本书编写工作的除了封面署名人员，还有沈精虎、宋一兵、冯辉、董彩霞、管振起等。由于编者水平有限，书中难免存在疏漏之处，敬请读者批评指正。

感谢您选择了本书，也欢迎您把对本书的意见和建议告诉我们，我们的电子邮箱是 liyongtao@ptpress.com.cn。

布克科技

2024 年 3 月

目　录

第 1 章　CAXA CAD 电子图板基础 1

1.1　CAXA CAD 电子图板概述 1

1.2　CAXA CAD 电子图板的用户界面 7

1.2.1　绘图区 9

1.2.2　标题栏 9

1.2.3　菜单栏 9

1.2.4　工具栏 9

1.2.5　状态栏 10

1.2.6　立即菜单 10

1.2.7　工具菜单 10

1.3　基本操作 11

1.3.1　命令的执行 11

1.3.2　点的输入 11

1.3.3　选择实体 12

1.3.4　立即菜单的操作 12

1.3.5　输入操作 13

1.4　文件管理 13

1.4.1　新建文件 13

1.4.2　打开文件 14

1.4.3　存储文件 15

1.4.4　另存文件 16

1.4.5　并入文件 16

1.4.6　部分存储 17

1.4.7　文件检索 18

1.4.8　打印 20

1.4.9　DWG/DXF 批转换器 22

1.4.10　退出 24

1.5　习题 24

第 2 章　系统显示与界面操作设置 26

  2.1　图层 26
    2.1.1　设置当前图层 27
    2.1.2　新建图层和删除图层 28
    2.1.3　图层属性操作 30
  2.2　线型设置 32
    2.2.1　加载线型 32
    2.2.2　输出线型 33
  2.3　颜色设置 33
  2.4　文本风格设置 34
  2.5　标注风格设置 35
    2.5.1　新建标注风格 36
    2.5.2　设置为当前标注风格 37
  2.6　用户坐标系 37
    2.6.1　新建原点坐标系 38
    2.6.2　新建对象坐标系 38
    2.6.3　管理用户坐标系 38
  2.7　捕捉设置 39
    2.7.1　捕捉点设置 39
    2.7.2　拾取过滤设置 40
  2.8　系统配置 41
  2.9　属性查看 45
  2.10　图形的重生成 45
    2.10.1　重生成 46
    2.10.2　全部重生成 46
  2.11　图形的缩放与平移 46
    2.11.1　显示窗口 46
    2.11.2　显示平移 47
    2.11.3　显示全部 47
    2.11.4　显示复原 48
    2.11.5　显示比例 48
    2.11.6　显示上一步 49
    2.11.7　显示下一步 49
    2.11.8　显示放大 49
    2.11.9　显示缩小 50
  2.12　图形的动态平移与动态缩放 50
    2.12.1　动态平移 50
    2.12.2　动态缩放 50
  2.13　三视图导航 51

2.14 界面定制 52
　2.14.1 显示／隐藏工具栏 52
　2.14.2 重新组织菜单和工具栏 52
　2.14.3 定制工具栏 54
　2.14.4 定制工具 55
　2.14.5 定制快捷键 56
　2.14.6 定制键盘命令 57
　2.14.7 其他界面定制 58
2.15 界面操作 59
　2.15.1 切换界面 59
　2.15.2 保存界面配置 59
　2.15.3 加载界面配置 60
　2.15.4 界面重置 61
2.16 习题 61

第 3 章　绘制基本曲线和图形 63

3.1 绘制直线 63
　3.1.1 绘制两点线 64
　3.1.2 绘制角度线 65
　3.1.3 绘制角等分线 66
　3.1.4 绘制切线/法线 67
　3.1.5 绘制等分线 69
　3.1.6 绘制射线 69
　3.1.7 绘制构造线 70
　3.1.8 上机练习——使用直线命令绘图 71
3.2 绘制平行线 72
3.3 绘制圆 74
　3.3.1 使用不同方式绘制圆 74
　3.3.2 上机练习——使用圆命令绘图 76
3.4 绘制圆弧 77
　3.4.1 使用"三点圆弧"方式绘制圆弧 78
　3.4.2 使用"圆心_半径_起终角"方式绘制圆弧 79
　3.4.3 使用"两点_半径"方式绘制圆弧 79
　3.4.4 使用其他方式绘制圆弧 80
　3.4.5 上机练习——使用圆弧命令绘图 81
3.5 创建点 82
　3.5.1 创建弧立点 82
　3.5.2 创建等分点和等距点 82
3.6 绘制椭圆 83

3.7 绘制矩形 85

3.7.1 使用"两角点"方式绘制矩形 85

3.7.2 使用"长度和宽度"方式绘制矩形 86

3.7.3 上机练习——使用矩形命令绘图 86

3.8 绘制正多边形 87

3.8.1 使用"中心定位"方式绘制正多边形 88

3.8.2 使用"底边定位"方式绘制正多边形 89

3.8.3 上机练习——使用正多边形命令绘图 89

3.9 综合练习 91

3.10 习题 92

第4章 绘制高级曲线 95

4.1 绘制等距线 95

4.1.1 使用"单个拾取"方式绘制等距线 95

4.1.2 使用"链拾取"方式绘制等距线 96

4.1.3 上机练习——绘制矩形的等距线 97

4.2 绘制剖面线 99

4.2.1 以拾取环内点的方式绘制剖面线 99

4.2.2 以拾取封闭环边界的方式绘制剖面线 100

4.2.3 上机练习——绘制墙面并填充 101

4.3 填充 102

4.4 标注文字 103

4.4.1 在指定两点的矩形区域内标注文字 103

4.4.2 以搜索边界的方式标注文字 105

4.4.3 在曲线上标注文字 106

4.5 绘制特殊曲线 107

4.5.1 绘制中心线 107

4.5.2 绘制多段线 107

4.5.3 绘制波浪线 108

4.5.4 绘制双折线 110

4.5.5 绘制箭头 111

4.5.6 绘制齿形轮廓 111

4.6 绘制样条 113

4.6.1 通过屏幕点直接绘制样条 113

4.6.2 圆弧拟合样条 114

4.7 绘制孔/轴 115

4.7.1 绘制孔 115

4.7.2 绘制轴 116

4.7.3 上机练习——绘制阶梯孔 117

4.8　绘制公式曲线 119
4.9　绘制局部放大图 120
　　4.9.1　使用"圆形边界"方式绘制局部放大图 120
　　4.9.2　使用"矩形边界"方式绘制局部放大图 121
4.10　综合练习 122
4.11　习题 123

第5章　修改与编辑 124
5.1　裁剪 124
　　5.1.1　快速裁剪 124
　　5.1.2　拾取边界裁剪 125
　　5.1.3　批量裁剪 126
5.2　过渡 127
　　5.2.1　圆角过渡 127
　　5.2.2　多圆角过渡 128
　　5.2.3　倒角过渡 129
　　5.2.4　外倒角过渡 129
　　5.2.5　内倒角过渡 130
　　5.2.6　多倒角过渡 130
　　5.2.7　尖角过渡 131
5.3　延伸 131
5.4　打断 132
5.5　平移 133
　　5.5.1　以给定偏移的方式平移图形 134
　　5.5.2　以给定两点的方式平移图形 134
5.6　平移复制 135
　　5.6.1　以给定两点的方式复制图形 135
　　5.6.2　以给定偏移的方式复制图形 136
5.7　旋转 136
　　5.7.1　以给定旋转角的方式旋转图形 136
　　5.7.2　以给定起始点和终止点的方式旋转图形 137
5.8　镜像 138
　　5.8.1　以选择轴线的方式镜像图形 138
　　5.8.2　以拾取两点的方式镜像图形 139
5.9　拉伸 139
　　5.9.1　单条曲线拉伸 140
　　5.9.2　曲线组拉伸 141
5.10　缩放 141
5.11　阵列 142

5.11.1　圆形阵列 143

　　　　5.11.2　矩形阵列 144

　　　　5.11.3　曲线阵列 144

　　5.12　综合练习 145

　　5.13　习题 147

第 6 章　绘图编辑 150

　　6.1　撤销与恢复 150

　　　　6.1.1　撤销操作 150

　　　　6.1.2　恢复操作 151

　　6.2　剪贴板的应用 152

　　　　6.2.1　剪切 152

　　　　6.2.2　复制 152

　　　　6.2.3　带基点复制 153

　　　　6.2.4　粘贴 154

　　　　6.2.5　选择性粘贴 154

　　6.3　插入与链接 155

　　　　6.3.1　插入对象 155

　　　　6.3.2　链接 155

　　　　6.3.3　OLE 对象 155

　　6.4　删除和删除所有 156

　　　　6.4.1　删除 156

　　　　6.4.2　删除所有 156

　　6.5　图片 157

　　　　6.5.1　插入图片 157

　　　　6.5.2　图片管理 157

　　　　6.5.3　图像调整 158

　　　　6.5.4　图像裁剪 158

　　6.6　鼠标右键操作中的图形编辑功能 159

　　　　6.6.1　曲线编辑 159

　　　　6.6.2　属性操作 160

　　6.7　综合练习 160

　　6.8　习题 161

第 7 章　图纸幅面 163

　　7.1　图幅设置 163

　　7.2　图框设置 165

　　　　7.2.1　调入图框 165

7.2.2　定义图框 ··166
　　　7.2.3　存储图框 ··167
　　7.3　标题栏设置 ··167
　　　7.3.1　调入标题栏 ··167
　　　7.3.2　定义标题栏 ··168
　　　7.3.3　填写标题栏 ··169
　　　7.3.4　编辑标题栏 ··171
　　　7.3.5　存储标题栏 ··172
　　7.4　零件序号设置 ··172
　　　7.4.1　生成序号 ··172
　　　7.4.2　删除序号 ··176
　　　7.4.3　编辑序号 ··177
　　　7.4.4　交换序号 ··177
　　7.5　明细表设置 ··178
　　　7.5.1　删除表项 ··178
　　　7.5.2　表格折行 ··179
　　　7.5.3　插入空行 ··180
　　　7.5.4　填写明细表 ··181
　　　7.5.5　输出明细表 ··183
　　　7.5.6　数据库操作 ··184
　　7.6　综合练习 ··185
　　7.7　习题 ··187

第8章　工程标注与标注编辑 ···188
　　8.1　尺寸标注 ··188
　　　8.1.1　基本标注 ··188
　　　8.1.2　尺寸公差标注 ··191
　　　8.1.3　基线标注 ··193
　　　8.1.4　连续标注 ··194
　　　8.1.5　三点角度标注 ··195
　　　8.1.6　角度连续标注 ··196
　　　8.1.7　半标注 ··197
　　　8.1.8　大圆弧标注 ··197
　　　8.1.9　射线标注 ··198
　　　8.1.10　锥度标注 ··199
　　　8.1.11　曲率半径标注 ··200
　　8.2　坐标标注 ··200
　　　8.2.1　原点标注 ··201
　　　8.2.2　快速标注 ··202

8.2.3 自由标注 202

8.2.4 对齐标注 203

8.2.5 孔位标注 204

8.2.6 引出标注 205

8.2.7 自动列表标注 207

8.3 倒角与引线 208

8.3.1 倒角标注 208

8.3.2 引出说明 209

8.4 形位公差标注 210

8.5 粗糙度标注 212

8.6 基准代号标注 213

8.6.1 焊接符号标注 214

8.6.2 剖切符号标注 216

8.7 标注编辑 218

8.7.1 尺寸编辑 218

8.7.2 文字编辑 219

8.7.3 工程符号编辑 220

8.8 尺寸驱动 221

8.9 综合练习 223

8.10 习题 226

第 9 章 块操作和图库操作 228

9.1 块操作 228

9.1.1 块创建 228

9.1.2 块插入 229

9.1.3 块分解 230

9.1.4 块消隐 230

9.1.5 块属性 231

9.1.6 块编辑 232

9.1.7 快捷菜单中的块操作功能 233

9.1.8 实例——将螺母定义为块 234

9.2 块在位编辑 234

9.2.1 添加到块内 235

9.2.2 从块内移出 236

9.2.3 不保存退出 236

9.2.4 保存退出 236

9.3 图库操作 237

9.3.1 插入图符 237

9.3.2 定义图符 241

9.3.3 图库管理 244

9.3.4 构件库 247

9.3.5 技术要求库 249

9.4 综合练习 250

9.5 习题 253

第 10 章 系统查询 255

10.1 系统查询功能 255

10.1.1 坐标点查询 255

10.1.2 两点距离查询 256

10.1.3 角度查询 257

10.1.4 元素属性查询 259

10.1.5 周长查询 260

10.1.6 面积查询 261

10.1.7 重心查询 262

10.1.8 惯性矩查询 263

10.1.9 重量查询 264

10.2 习题 266

第1章 CAXA CAD 电子图板基础

【学习目标】

- 认识 CAXA CAD 电子图板用户界面。
- 学习 CAXA CAD 电子图板基本操作。
- 掌握文件管理的方法。

CAXA CAD 电子图板可以作绘图和设计的平台。它易学易用、符合广大工程师的设计习惯，而且功能强大、兼容 AutoCAD，是我国普及率最高的 CAD（Computer-Aided Design，计算机辅助设计）软件之一。本章主要介绍 CAXA CAD 电子图板的特点、用户界面、基本操作和文件管理等。

1.1 CAXA CAD 电子图板概述

1. CAXA CAD 电子图板的优势

(1) 自主版权、价格合理。

CAXA CAD 电子图板专注 CAD 核心技术 30 多年，同时支持 EXB 和 DWG "双数据内核"，拥有完全自主知识产权，支持版权局备案；授权灵活，同时支持永久授权和租用授权。

(2) 更新快，支持最新制图标准。

CAXA CAD 电子图板已经累计更新十几个大版本，30 多个小版本，支持图纸数据管理要求的变化。绘图、图幅、标注等都支持最新制图标准，可大大提高标准化制图的效率，并且提供全面、准确的图库。

(3) 数据兼容性强。

CAXA CAD 电子图板完全兼容 AutoCAD 2023 以下各版本的 DWG/DXF 格式文件，支持各种版本文件的双向批量转换，数据交流完全无障碍；并且支持设置为默认的工作文件。可在【选项】对话框中选择数据兼容的版本，如图 1-1 所示。

(4) 极佳的交互体验。

CAXA CAD 电子图板的界面采用精心改良设计，交互方式简单、快捷，上手简单，可大大提高操作效率。

(5) 数据集成贯通。

CAXA CAD 电子图板数据接口支持 PDF、JPG 等格式文件的输出，提供与其他信息系统集成的浏览和信息处理组件，支持图纸的云分享和协作绘制。

(6) 运行环境要求低。

CAXA CAD 电子图板支持 Windows XP/7/8/10/11 等系统，且对计算机硬件的要求较低；另外，基于 CAXA 公司高效的资源管理技术，CAXA CAD 电子图板的安装和运行占用的资源都极少，可流畅运行。它与麒麟、统信等多个国产操作系统兼容适配，具有高适配性、高成熟度、高稳定性。

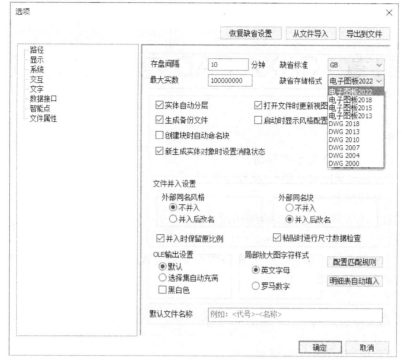

图1-1 【选项】对话框

2. CAXA CAD 电子图板的特点

(1) 简洁、易用的界面。

CAXA CAD 电子图板具有精心设计的界面和功能图标，支持 4K 分辨率，在高达 200% 的缩放比例下，用户仍可以获得完美的交互体验。软件提供蓝色、深灰色、白色、黑色 4 种主题色，以及传统风格和新风格两种界面，用户可按自己的习惯和喜好自由选择。属性编辑、图库、设计中心等都有专用面板；独有的立即菜单并行操作方式，可实时反映交互状态，调整交互流程，使其不受交互深度的限制，节省大量的交互时间。

(2) 支持最新的 64 位操作系统，提升了大图处理性能。

(3) 丰富的图形绘制和编辑功能。

CAXA CAD 电子图板提供多种便捷的图形绘制功能，如绘制直线、圆、圆环、圆弧、椭圆、椭圆弧、平行线、对称线、中心线、渐变色、表格等；提供孔/轴、齿轮、公式曲线、样条曲线、多边形、二维码/条形码等复杂图形的快速绘制功能；提供多种图形编辑功能，如平移、镜像、旋转、阵列、裁剪、拉伸，以及各种圆角、倒角过渡等。

(4) 符合最新国标的智能标注和工程标注。

CAXA CAD 电子图板提供一键智能尺寸标注功能，可自动识别标注对象特征，一个命令可以完成多种类型的标注；提供符合最新制图标准的多种工程标注功能。尺寸标注时可进行公差和各种符号的查询和输入，相关数值和符号位置都可随图形的变化而自动调整，最大程度地减少人为原因导致的错误。尺寸标注的样式可以在【样式管理】对话框中进行修改，如图 1-2 所示。

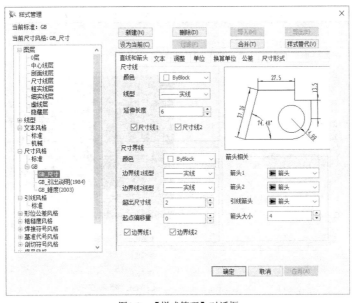

图1-2　【样式管理】对话框

(5)　丰富的参数化图库和构件库。

CAXA CAD 电子图板提供符合最新国标的参数化图库，包含 53 个大类，5400 余种，30 万规格的标准图符，并提供开放式的图库管理和定制手段；针对机械设计中频繁出现的构件图形提供完整的构件库，【构件库】对话框如图 1-3 所示。

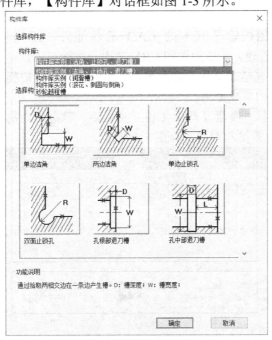

图1-3　【构件库】对话框

(6)　开放而快捷的图幅设置。

CAXA CAD 电子图板提供开放的图纸幅面设置系统，便于用户快速设置、填写图纸属性信息；快速生成符合标准的各种样式的零件序号和明细表，并使它们保持相互关联。用户可根据需求进行图纸幅面、图框、标题栏等的自定义，使设计过程标准化，【图幅设置】对话框如图1-4所示。

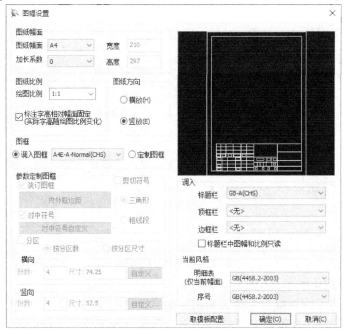

图1-4 【图幅设置】对话框

(7) 专业的集成组件和二次开发接口。

CAXA CAD 电子图板除了基本的 CAD 的功能外，还提供 PDM（Product Data Management，产品数据管理）集成组件和 CRX 二次开发接口。

- PDM 集成组件包括浏览和信息处理组件，并提供通用的集成方案，适用于与各类 PDM 系统的集成应用。
- CRX 二次开发接口提供了帮助文档、头文件、静态库、简历、安装向导等，便于用户个性化开发和利用，如图 1-5 所示。

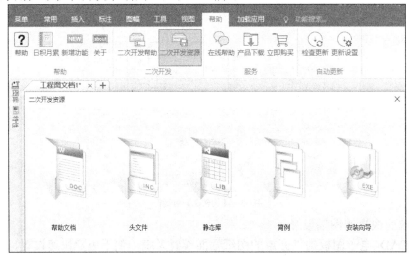

图1-5 二次开发资源

(8) 多种专业功能。

CAXA CAD 电子图板提供了文件比较的功能，可一键提高审图效率；文件检索功能，支持简单、快速地搜索 CAD 文件，【文件检索】对话框如图 1-6 所示；文件打包功能，支持打包相关的字体文件、链接的外部参照或图片文件等；文件输出，支持将 CAD 图纸输出为高质量的 PDF 文件和图片文件。

图1-6 【文件检索】对话框

(9) 专业出图和批量排版工具。

CAXA CAD 电子图板支持市场上主流的 Windows 驱动的打印机和绘图仪，提供指定打印参数，可快速打印 CAD 图纸，打印时提供预览缩放、幅面检查等功能；除单张打印方式外，还提供了自动智能排版、批量打印等多种方式，如图 1-7 所示。

图1-7 专业出图和批量排版

(10) 多图智能打印。

CAXA CAD 电子图板可以一次性地打印当前绘图区中的多份图纸，同时支持将图纸转换为 PDF、JPG、PNG、TIF 等格式的文件，如图 1-8 所示。

(11) 支持 PDF 文件。

CAXA CAD 电子图板可以将 PDF 文件中的几何图形、实体填充、光栅图像和 TrueType 文字输入当前图形中，并保留它们在源 PDF 文件中的相关特性，如比例、图层、线宽和颜色等，这样可大大减少重复绘图的时间；也可以将图纸直接输出为矢量化的 PDF 文件，以便无极缩放看图。输出 PDF 文件时，耗时短、输出文件小，并且输出的 PDF 文件中的 TrueType 文字支持拾取编辑等操作，方便进一步的使用。【PDF 输入】对话框如图 1-9 所示。

图1-8 多图智能打印

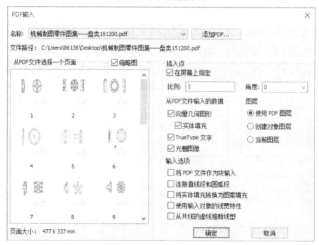

图1-9 【PDF 输入】对话框

(12) 支持在线更新。

用户可以方便地获取软件的更新补丁，并且可以快速安装和部署，【自动更新设置】对话框如图 1-10 所示。

(13) 扩展工具（专业版提供）。

CAXA CAD 电子图板提供多项图纸批量处理的功能，如替换标题栏模板、图纸重命名、拆分图纸、图纸清理等。

(14) 三维接口（需单独购买）。

CAXA CAD 电子图板支持多种格式的三维模型转换，以及投影三维模型后直接生成相应的二维工程图。

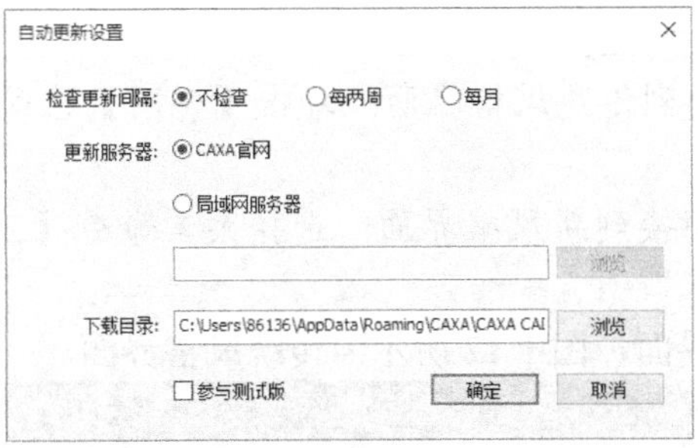

图1-10　【自动更新设置】对话框

3.　CAXA CAD 电子图板 2023 的性能优化

CAXA CAD 电子图板 2023 在绘图功能、启动速度等方面进行了优化，同时新增和改进了多项功能。

(1)　绘图功能增强。

绘图功能得到增强，如多段线的绘制和编辑、支持淡入度调整和栅格显示等。

(2)　启动速度优化。

启动和大图的打开速度提升 30% 以上，可以给用户更好的绘图体验。

(3)　与 PDF 文件的协同交互能力提升。

支持插入 PDF 文件作为参考底图，提升了与 PDF 文件的协同交互能力。同时可以设置显示方式，调整淡入度、对比度等。

(4)　复制和粘贴更快捷。

支持将要打印的 CAD 图形生成图片并输出到剪贴板，直接粘贴使用，大大地提高了 CAD 图形的插入效率。

(5)　信息处理效率提高。

提高了信息处理组件、浏览组件的效率。支持信息处理组件开发，转换为 PDF 格式的文件的能力也得到了加强。

(6)　新增 237 项图库。

结合重点行业用户需求，新增了 237 项图库，包括轴承、联轴器、链轮等图形。

1.2　CAXA CAD 电子图板的用户界面

启动 CAXA CAD 电子图板有以下两种方法。

- 在 Windows 操作系统的桌面上双击 CAXA CAD 电子图板的图标。
- 在 Windows 操作系统的桌面左下角选择【开始】/【所有程序】/【CAXA】/【CAXA CAD 电子图板 2023】命令。

用户界面（简称界面）是交互式绘图软件与用户进行信息交流的中介。系统通过界面反映当前信息状态或将要执行的操作，用户只需根据界面提供的信息做出判断，然后进行下一步操作。

CAXA CAD 电子图板系统提供了两种用户显示模式：一种是新风格界面，将界面按照不同功能分成几个区域，方便查找；另一种是传统风格界面，对于习惯使用旧版本软件的用户，这种显示模式还是很方便的。

切换两种界面的方法如下。

- 按 F9 键，进行双向切换。
- 从新风格界面切换到传统风格界面：单击【视图】选项卡中【界面操作】功能区中的 切换界面 按钮。
- 从传统风格界面切换到新风格界面：选择菜单命令【工具】/【界面操作】/【切换】。

图 1-11 所示为新风格界面，图 1-12 所示为传统风格界面。

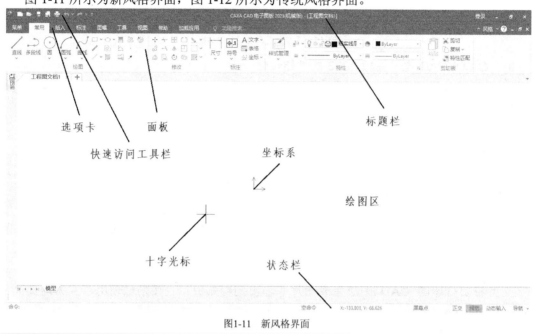

图1-11 新风格界面

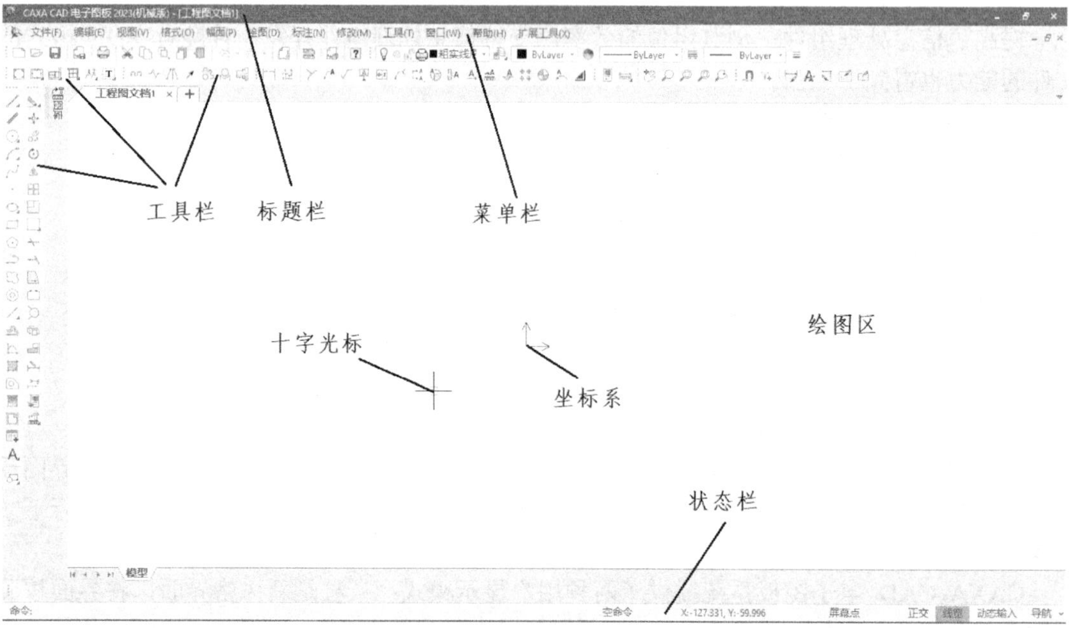

图1-12 传统风格界面

1.2.1 绘图区

绘图区是进行绘图、设计的工作区。绘图区采用标准的平面直角坐标系，坐标系的原点是（0.0000,0.0000），鼠标指针会以十字光标样式出现在绘图区。

1.2.2 标题栏

界面最上方的蓝色部分称为标题栏，标题栏区域的中间（新风格界面）或最左侧（传统风格界面）显示了当前绘图文件的名称。

1.2.3 菜单栏

菜单栏（传统风格界面）位于标题栏的下方，包括【文件】【编辑】【视图】【格式】【幅面】【绘图】【标注】【修改】【工具】【窗口】等菜单。选择任何一个菜单，都将会显示该菜单包含的命令。图 1-13 所示为【格式】菜单中的命令。

图1-13 【格式】菜单中的命令

1.2.4 工具栏

在传统风格界面中，对于菜单栏中的大部分菜单命令，工具栏中都有对应的按钮。在工具栏中，用户单击相应的按钮执行操作，有助于提高绘图效率。

系统默认的布置在界面中的工具栏有【编辑工具】【绘图工具】【绘图工具Ⅱ】【颜色图层】【设置工具】【图幅】【常用工具】【标准】【标注】等。用户可以拖曳界面中的工具栏，任意调整其位置，如图 1-14 所示。

图1-14 工具栏

1.2.5 状态栏

状态栏位于屏幕底部，主要用于显示当前系统的操作状态，如图 1-15 所示。

状态栏的左侧是命令提示区，用于提示当前命令执行情况或提示输入命令和数据；中间为状态提示区，用于提示当前点的捕捉状态或拾取方式，还用来显示当前光标点的坐标；最右侧为屏幕点捕捉方式选择区，在此区域内可以设置点的捕捉方式。

图1-15　状态栏

1.2.6 立即菜单

立即菜单用来描述当前命令执行的各种情况和使用条件。根据当前的作图要求，正确地选择立即菜单中的某一选项，即可得到准确的响应。例如，绘制直线时，单击【绘图工具】工具栏中的 按钮，界面左下角会出现图 1-16 所示的立即菜单。

图1-16　绘制直线的立即菜单

1.2.7 工具菜单

工具菜单包括工具点菜单、快捷菜单等。执行绘图命令（如绘制直线、圆、圆弧的命令等）后，需要输入特征点时，按空格键即可弹出图 1-17 所示的工具点菜单。选择图形元素后，单击鼠标右键可以弹出快捷菜单，如图 1-18 所示。

图1-17　工具点菜单

图1-18　快捷菜单

1.3　基本操作

基本操作是所有复杂操作的基础。

1.3.1　命令的执行

在 CAXA CAD 电子图板中，命令的执行有以下两种方式。

(1)　鼠标选择方式。

鼠标选择方式就是根据屏幕显示的状态或提示，选择菜单命令或单击工具栏中的按钮来执行相应的操作。

(2)　键盘输入方式。

键盘输入方式是通过键盘输入所需的命令和数据。

初学者一般会采用鼠标选择方式，但随着学习的深入，掌握更多的命令和技巧后，就可以更加熟练地使用键盘输入命令和数据。

1.3.2　点的输入

CAXA CAD 电子图板提供了以下 3 种点的输入方式。

(1)　通过键盘输入点的坐标。

点的坐标有绝对坐标和相对坐标两种，它们的输入方式是完全不同的。绝对坐标可以直接输入"x,y"，如输入"30,45"。

> **要点提示**　x 与 y 之间必须用逗号隔开，并且是半角形式的逗号。

相对坐标是指相对系统当前点的坐标，与坐标系原点无关。在输入时，为了区分不同性质的坐标，CAXA CAD 电子图板对相对坐标的输入做了如下规定：输入相对坐标时，必须在第 1 个数值前面加一个"@"，以表示相对。例如，输入"@30,40"表示该点相对于系统当前点的坐标为（30,40）。另外，相对坐标也可以用极坐标的方式表示。例如，输入"@60<80"表示输入了一个相对当前点的极坐标，相对当前点的极坐标的半径是 60mm，半径与 x 轴的正半轴的夹角为 80°。

(2)　用鼠标输入点。

用鼠标输入点就是通过移动十字光标选择需要的点的位置。

(3)　工具点的捕捉。

工具点的捕捉就是在绘图过程中用鼠标指针捕捉工具点菜单中具有某些几何特征的点，如圆心点、端点、切点等。

【练习1-1】：　绘制三角形的内切圆，如图 1-19 所示。

图1-19　绘制三角形的内切圆

1. 任意绘制一个三角形，效果如图 1-19 左图所示。
2. 单击【常用】选项卡中【绘图】面板上的 按钮，界面左下角将弹出绘制圆的立即菜单，如图 1-20 所示。

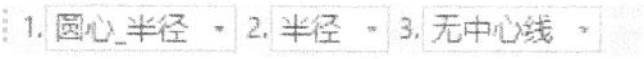

| 1. 圆心_半径 ▾ | 2. 半径 ▾ | 3. 无中心线 ▾ |

图1-20　绘制圆的立即菜单

3. 在立即菜单【1】下拉列表中选择【三点】选项，然后按空格键，弹出图 1-21 所示的工具点菜单。

> 屏幕点(S)
> 端点(E)
> 中点(M)
> 两点之间的中点(B)
> 圆心(C)
> 节点(D)
> 象限点(Q)
> 交点(I)
> 插入点(R)
> 垂足点(P)
> 切点(T)
> 最近点(N)

图1-21　工具点菜单

4. 选择【切点】命令，移动十字光标，选择三角形中的任意一条线段。
5. 重复步骤 2 和步骤 3 继续指定另外两条线段的切点，结果如图 1-19 右图所示。

1.3.3　选择实体

在绘图区绘制的图形（如直线、圆、图框等）均被称为实体。在 CAXA CAD 电子图板中选择实体的方式有以下两种。

(1) 单击方式。

单击要选择的实体，实体呈现加亮状态（默认为蓝色），表明该实体被选中。用户可连续拾取多个实体。

(2) 框选方式。

除单击方式外，用户还可以使用框选的方式一次性选择多个实体。当从左向右框选时，被矩形框完全包含的实体被选中，部分被包含的实体不被选中；当从右向左框选时，被所绘矩形框完全包含的实体和部分被包含的实体都将被选中。

1.3.4　立即菜单的操作

立即菜单的操作主要是选择适当的选项或填入各项内容。例如，单击【常用】选项卡中【绘图】面板上的 按钮，界面左下角将出现图 1-22 所示的立即菜单。用户可以根据当前的绘图要求，选择立即菜单中的对应选项。

> 两点线
> 角度线
> 角等分线
> 切线/法线
> 等分线
> 射线
> 构造线
> 1. 两点线 ▾　2. 连续 ▾

图1-22　绘制直线的立即菜单

1.3.5　输入操作

CAXA CAD 电子图板系统提供了计算功能。在绘制图形的过程中，命令提示区提示要输入数据时，用户既可以直接输入数据，也可以输入一些公式、表达式，系统会自动完成计算。

1.4　文件管理

文件管理包括新建文件、打开文件和存储文件等操作。

1.4.1　新建文件

新建文件功能用于创建新的空文件。

1. **命令启动方法**
- 快速访问工具栏：□按钮。
- 命令行：new。
- 菜单命令：【文件】/【新建】。
- 工具栏：【标准】工具栏中的 □ 新建(N)... 按钮。
- 选项卡：【菜单】选项卡中的【文件】/【新建】命令，如图 1-23 所示。

图1-23　【菜单】选项卡

- 快捷键：Ctrl + N。

2. **操作步骤**

1. 执行新建文件命令，弹出【新建】对话框，如图 1-24 所示。该对话框中列出了若干个模板文件。

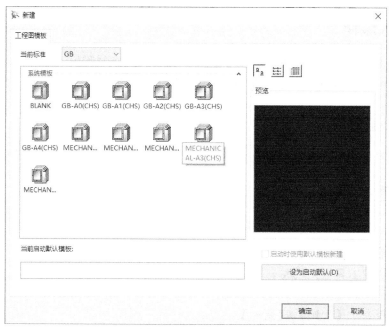

图1-24 【新建】对话框

2. 选择【BLANK】或其他标准模板，单击 确定 按钮即可新建文件。

1.4.2 打开文件

打开文件功能用于打开一个 CAXA CAD 电子图板的图形文件。

1. 命令启动方法

- 快速访问工具栏：按钮。
- 命令行：open。
- 菜单命令：【文件】/【打开】。
- 工具栏：【标准】工具栏中的 打开(O)... 按钮。
- 选项卡：【菜单】选项卡中的【文件】/【打开】命令。
- 快捷键：Ctrl + O。

2. 操作步骤

1. 执行打开文件命令，弹出【打开】对话框，如图 1-25 所示。该对话框中列出了所选文件夹中的所有图形文件。

2. 在【打开】对话框中选择一个 CAXA CAD 电子图板文件，单击 打开(0) 按钮即可。

3. 选项说明

如果用户希望打开其他格式的数据文件，则可在【文件类型】下拉列表中选择所需的文件格式。CAXA CAD 电子图板支持的文件格式有".exb"".tpl"".dwg"".dxf"等。

CAXA CAD 电子图板提供了 DWG/DXF 文件读入功能，可以将 AutoCAD 及其他 CAD 软件所能识别的 DWG/DXF 文件读入 CAXA CAD 电子图板中进行编辑。

图1-25　【打开】对话框

> 目前国外许多 CAD 软件的 IGES（Initial Graphics Exchange Specification，初始图形交换规范）接口均不支持中文，这些软件的图形文件中如果包含中文，那么在由它们的 IGES 输出功能输出的 IGES 文件里，中文基本都会变成问号。CAXA CAD 电子图板读入这样的 IGES 文件后，中文自然还是问号，这不是 CAXA CAD 电子图板的问题。

1.4.3　存储文件

存储文件功能用于将当前绘制的图形以文件的形式存储到磁盘上。

1.　命令启动方法

- 快速访问工具栏：■按钮。
- 命令行：save。
- 菜单命令：【文件】/【保存】。
- 工具栏：【标准】工具栏中的■按钮。
- 选项卡：【菜单】选项卡中的【文件】/【保存】命令。
- 快捷键：Ctrl + S。

2.　操作步骤

1.　执行存储文件命令，弹出【另存文件】对话框，如图 1-26 所示。

图1-26　【另存文件】对话框

2. 在【文件名】下拉列表框中输入要保存的文件的名称，单击 保存(S) 按钮即可。

> **要点提示** 将当前绘制的图形以文件的形式存储到磁盘上时，可以将文件存储为 CAXA CAD 电子图板的 97/V2/XP 版本的文件，或者存储为其他格式的文件，以便 CAXA CAD 电子图板与其他软件 之间进行数据转换。

1.4.4 另存文件

另存文件功能用于将当前绘制的图形另取一个文件名存储到磁盘上。

1. 命令启动方法

- 快速访问工具栏：■按钮。
- 命令行：saveas。
- 菜单命令：【文件】/【另存为】。
- 工具栏：【标准】工具栏中的 ■ 按钮。
- 选项卡：【菜单】选项卡中的【文件】/【另存为】命令。

2. 操作步骤

执行另存文件命令，弹出【另存文件】对话框，在【文件名】下拉列表框中输入要保存的文件名称，单击 保存(S) 按钮即可。

1.4.5 并入文件

并入文件功能用于将其他的电子图板文件并入当前绘制的文件中。

1. 命令启动方法

- 命令行：merge。
- 菜单命令：【文件】/【并入】。
- 选项卡：【菜单】选项卡中的【文件】/【并入】命令。

2. 操作步骤

1. 执行并入文件命令，弹出【并入文件】对话框，如图 1-27 所示。

图1-27 【并入文件】对话框

2. 选择要并入的电子图板文件，然后单击 打开(O) 按钮，弹出新的设置对话框，如图 1-28 所示。

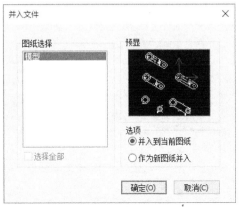

图1-28　新的设置对话框

3. 选择【并入到当前图纸】或【作为新图纸并入】单选项。当选择【并入到当前图纸】单选项时，只能选择一张图纸；当选择【作为新图纸并入】单选项时，可以选择一张或多张图纸。当并入的图纸名称和当前文件中的图纸名称相同时，将会提示修改图纸名称。选择完成后，单击 确定(O) 按钮。

4. 界面左下角出现并入文件的立即菜单，如图 1-29 所示。在立即菜单【1】下拉列表中选择【定点】或【定区域】选项，在【2】下拉列表中选择【保持原态】或【粘贴为块】选项，在【3.比例】文本框中输入并入文件的比例系数，再根据系统提示指定图形的定位点即可。

图1-29　并入文件的立即菜单

> **要点提示**
> 如果一张图纸要由多位设计人员完成，可以让每位设计人员使用相同的模板进行设计，最后将每位设计人员设计的图纸并入一张图纸。要特别注意的是，在开始设计之前，需要定义好一个模板，可在模板中定义好这张图纸的参数设置，以及图层、线型、颜色的定义和设置，以保证最后并入时每张图纸的参数设置，以及图层、线型、颜色的定义和设置都是一致的。

1.4.6　部分存储

部分存储功能用于将当前绘制的图形中的一部分图形以文件的形式存储到磁盘上。

1. **命令启动方法**
- 命令行：partsave。
- 菜单命令：【文件】/【部分存储】。
- 选项卡：【菜单】选项卡中的【文件】/【部分存储】命令。

2. **操作步骤**

1. 执行部分存储命令，根据系统提示拾取要存储的图形，右击确认，然后指定图形基点。
2. 系统将弹出【部分存储文件】对话框，如图 1-30 所示。输入文件名，然后单击 保存(S) 按钮即可。

图1-30　【部分存储文件】对话框

要点提示　部分存储只存储了图形的实体数据而没有存储图形的属性数据（包括参数设置，以及图层、线型、颜色的定义和设置）。

1.4.7　文件检索

文件检索的主要功能是从本地计算机或网络上查找符合条件的文件。

1.　**命令启动方法**
- 菜单命令：【文件】/【文件检索】。
- 选项卡：【菜单】选项卡中的【文件】/【文件检索】命令。

2.　**操作步骤**

1.　执行文件检索命令，弹出【文件检索】对话框，如图 1-31 所示。

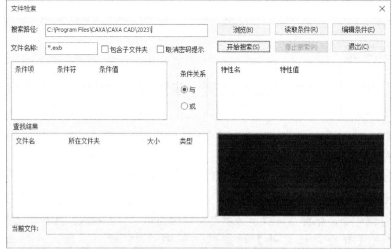

图1-31　【文件检索】对话框

2.　在对话框中设置好检索条件，然后单击 开始搜索(S) 按钮。

要点提示　设置检索条件时，可以指定搜索路径、文件名称、标题栏中属性的条件等。

3.　选项说明

(1)　【搜索路径】：指定查找的范围，可以直接输入，也可以通过单击 浏览(B) 按钮，在弹出的【浏览文件夹】对话框中进行选择，如图 1-32 所示。在图 1-31 所示的对话框中勾选或取消勾选【包含子文件夹】复选框可以确定查找范围包括子文件夹或只在当前文件夹下。

图1-32　【浏览文件夹】对话框

(2)　【文件名称】：指定查找文件的名称和扩展名条件，支持通配符"*"。

(3)　编辑条件(E) 按钮：单击此按钮，弹出【编辑条件】对话框，如图 1-33 所示。要添加条件，必须先单击 添加条件(A) 按钮，使【条件显示】列表框中出现灰色滚动条。条件包括【条件项】【条件符】【条件值】3 个部分。

- 【条件项】：指标题栏中的属性标题，如设计时间、名称等。该下拉列表中有很多可选的属性。
- 【条件符】：有【相同】【不相同】【头部包含】【尾部包含】【包含】【不包含】6 个选项。
- 【条件值】：条件值是一个数值，用于限定检索条件。

图1-33　【编辑条件】对话框

（4）【条件关系】：显示标题栏中的信息条件，指定条件之间的逻辑关系（【与】或【或】）。标题栏中的信息条件可以通过【编辑条件】对话框进行编辑。

（5）【查找结果】：实时显示查找到的文件信息和文件总数。选择其中一个结果可以在右侧的属性区中查看标题栏的内容和预显图形，双击该结果可以用 CAXA CAD 电子图板打开该文件。

（6）【当前文件】：查找过程中显示的是正在分析的文件，查找完毕后显示的是选择的当前文件。

1.4.8　打印

打印功能用于打印当前绘图区的图形。

1.　命令启动方法

- 快速访问工具栏：🖶 按钮。
- 命令行：plot。
- 菜单命令：【文件】/【打印】。
- 工具栏：【标准】工具栏中的 🖶 按钮。
- 选项卡：【菜单】选项卡中的【文件】/【打印】命令。
- 快捷键：Ctrl + P。

2.　操作步骤

1.　执行打印命令，弹出【打印对话框】，如图 1-34 所示。

图1-34　【打印对话框】

2. 设置完参数后，单击 打印 按钮即可。

【打印对话框】中各选项的介绍如下。

- 【名称】：显示打印机的名称，在该下拉列表中可选择要使用的打印机。
- 【状态】：显示选中的打印机的当前状态。
- 【纸张】：选择打印纸张的大小，如【A4】【A3】【A2】【A1】【A0】等。
- 【属性】：有【黑白打印】【文字作为填充】【打印到文件】【打印尺寸标识】【打印水印】等复选框。
- ：有【纵向】【横向】两个单选项。
- 【图形方向】：有【0 度】【90 度】【自适应】3 个单选项。
- 【输出图形】：有【标准图形】【显示图形】【极限图形】【窗口图形】等单选项。
- 【映射关系】：有【自动填满】【1:1】【其他】3 个单选项。
- 【页面范围】：有【全部】【指定页码】两个单选项。
- 【定位方式】：有【中心定位】【左上角定位】两个单选项。
- 【打印偏移】：有【X 方向】【Y 方向】两个偏移尺寸设置。

【练习1-2】：　打开素材文件"exb\第 1 章\1-2.exb"，如图 1-35 所示，设置打印参数，打印零件图。

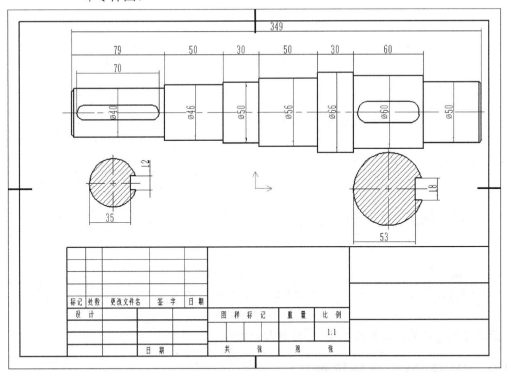

图1-35　零件图

1. 选择菜单命令【文件】/【打印】，打开【打印对话框】。
2. 在【名称】下拉列表中选择需要的打印机，在【大小】下拉列表中选择【A3】选项，其余选项设置如图 1-36 所示。

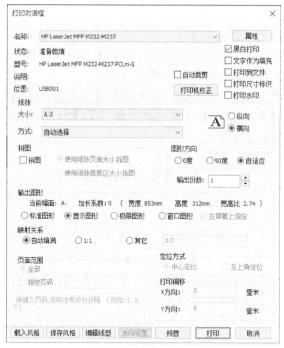

图1-36　设置打印参数

3. 单击 ｜预显｜ 按钮，打印效果如图 1-37 所示。

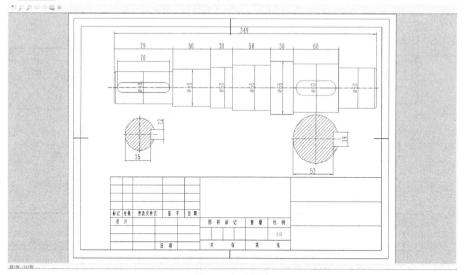

图1-37　打印效果

4. 若满意预显效果，则单击｜ 打印 ｜按钮开始打印。

1.4.9　DWG/DXF 批转换器

DWG/DXF 批转换器功能用于实现 DWG/DXF 文件和 EXB 文件的批量转换。

1. 命令启动方法

- 菜单命令：【文件】/【DWG/DXF 批转换器】。

- 工具栏: 【标准】工具栏中的 按钮。
- 选项卡: 【菜单】选项卡中的【文件】/【DWG/DXF 批转换器】命令。

2. 操作步骤

1. 执行 DWG/DXF 批转换器命令，弹出【第一步:设置】对话框，如图 1-38 所示。

图1-38　【第一步:设置】对话框

2. 在【文件结构方式】分组框中选择【按文件列表转换】单选项，单击 下一页(N) > 按钮，弹出【第二步:加载文件】对话框，如图 1-39 所示。

图1-39　【第二步:加载文件】对话框（1）

3. 单击 [浏览...] 按钮可以选择转换后文件的路径，单击 [添加文件] 按钮可以加载要转换的文件，单击 [添加目录] 按钮可以把某一目录中的全部文件添加到列表框中，加载完毕后，单击 [开始转换] 按钮即可开始转换。

4. 若在【文件结构方式】分组框中选择【按目录转换】单选项，单击 [下一页(N) >] 按钮，则弹出的【第二步:加载文件】对话框如图 1-40 所示。

图1-40　【第二步:加载文件】对话框（2）

5. 在左侧的目录列表框中选择待转换文件目录，然后单击 [浏览...] 按钮选择转换后文件目录，最后单击 [开始转换] 按钮，即可开始转换。

1.4.10　退出

1.　命令启动方法

- 命令行：quit/exit/end。
- 菜单命令：【文件】/【退出】。
- 选项卡：【菜单】选项卡中的【文件】/【退出】命令。
- 快捷键：$\boxed{Alt}$ + $\boxed{X}$。

2.　操作步骤

启动退出命令即可。

> 要点提示　如果当前文件还未存入磁盘，那么系统将弹出文件是否存入磁盘的提示对话框。

1.5　习题

1. 绘制圆，按空格键弹出工具点菜单，尝试捕捉图 1-41 所示圆的圆心和象限点。

图1-41　捕捉圆心和象限点

2. 练习选中绘制的圆，单击鼠标右键，弹出快捷菜单，如图 1-42 所示。

图1-42　快捷菜单

3. 试绘制一条从点（0,15）到点（30,50）的线段，如图 1-43 所示。

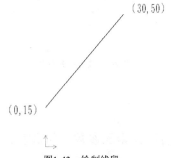

图1-43　绘制线段

4. 用相对坐标输入方式绘制习题 3 中的线段。

5. 尝试在绘制习题 3 的线段的过程中打开工具点菜单。

第2章　系统显示与界面操作设置

【学习目标】

- 了解图层的设置与应用。
- 学会线型与颜色的设置。
- 熟悉 CAXA CAD 电子图板的文本风格与标注风格。
- 熟悉用户坐标系的设置。
- 掌握精确捕捉的方法。
- 学会系统配置的方法。
- 学会重生成图形的方法。
- 熟悉缩放与平移图形的方法。
- 了解动态平移与动态缩放图形的方法。
- 掌握三视图导航功能。
- 了解界面定制的方法。
- 学会界面操作的方法。

系统设置就是对系统的初始化环境和条件，包括图层、线型、颜色、线宽、文本风格、标注风格、坐标系等的设置，以及捕捉设置、拾取设置、界面定制和界面操作等进行设置。系统设置和界面定制的命令主要集中在【常用】选项卡中的【特性】面板（见图 2-1）和【工具】选项卡中的【选项】面板（见图 2-2）中。

图2-1　【特性】面板

图2-2　【选项】面板

2.1　图层

图层可以控制构成图形的各种元素的参数（如颜色、线型、冻结等）。下面介绍打开【层设置】对话框的方法。

1.　命令启动方法

- 命令行：LAYER。
- 菜单命令：【格式】/【图层】。

- 选项卡:【常用】选项卡中【特性】面板上的 按钮。

2. 操作步骤

1. 执行图层命令,系统弹出【层设置】对话框,如图 2-3 所示。

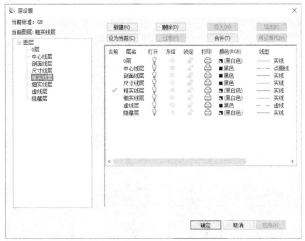

图2-3 【层设置】对话框

2. 在该对话框中可以进行相关的图层设置。

2.1.1 设置当前图层

当前图层是指绘图时正在使用的图层,要想在某图层上绘图,必须先将该图层设置为当前图层。将某图层设置为当前图层的方法有以下 3 种。

(1) 打开【颜色图层】工具栏中的【图层】下拉列表,在该下拉列表中选择所需的图层,如图 2-4 所示。

(2) 在【层设置】对话框中选择所需的图层,然后单击 设为当前(C) 按钮,即可将该图层设置为当前图层。

(3) 在【层设置】对话框中右击需要的图层,在弹出的快捷菜单中选择【设为当前】命令,即可将该图层设置为当前图层,如图 2-5 所示。

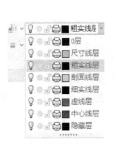

图2-4 【图层】下拉列表　　　　　　　　　　　图2-5 设置为当前图层

27

要点提示 在【特性】面板的【颜色】【线型】【线宽】下拉列表中可以分别设置当前图层的颜色、线型、线宽，它们的默认值均为【ByLayer】。

【练习2-1】： 打开素材文件"exb\第 2 章\2-1.exb"，如图 2-6 所示，将中心线层设置为当前图层。

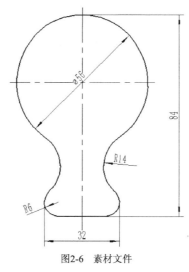

图2-6　素材文件

方法 1

1. 单击【常用】选项卡。
2. 在【特性】功能区中单击 中的 按钮。
3. 找到【中心线层】，单击即可。

方法 2

1. 单击 按钮，打开【层设置】对话框。
2. 在右侧的列表框中选择【中心线层】。
3. 单击 设为当前(C) 按钮，即可将中心线层设置为当前图层。

方法 3

1. 单击 按钮，打开【层设置】对话框。
2. 在右侧的列表框中选择【中心线层】，然后右击，弹出快捷菜单。
3. 选择【设为当前】命令，即可将中心线层设置为当前图层。

2.1.2　新建图层和删除图层

1.　新建图层

新建图层是在已有图层的基础上再建立新的图层，以满足绘图需要。

【练习2-2】： 打开素材文件"exb\第 2 章\2-2.exb"，新建一个备用图层。

1. 单击 按钮，打开【层设置】对话框，单击 新建(N) 按钮，弹出图 2-7 所示的提示对话框，单击 是(Y) 按钮。

图2-7　提示对话框（1）

2. 弹出【新建风格】对话框，在【风格名称】文本框中输入"备用层"，在【基准风格】
　　下拉列表中选择【粗实线层】选项，如图 2-8 所示。

图2-8　【新建风格】对话框

3. 单击 下一步 按钮，即可新建图层【备用层】，如图 2-9 所示。

图2-9　新建【备用层】

2.　删除图层

删除图层是将图形中已有的图层删除。

【练习2-3】：　打开素材文件"exb\第 2 章\2-3.exb"，删除【备用层】。

1. 单击 按钮，打开【层设置】对话框。
2. 选择【备用层】，然后单击对话框中的 删除(D) 按钮，弹出图 2-10 所示的提示对话框。

图2-10　提示对话框（2）

3. 单击 ┌─是(Y)─┐ 按钮，即可删除【备用层】。

要点提示 系统的当前图层和初始图层不能被删除。

2.1.3 图层属性操作

1. 修改图层名、颜色、线型、线宽

【练习2-4】： 打开素材文件"exb\第 2 章\2-4.exb"，修改图层名、颜色、线型及线宽。

1. 单击 按钮，打开【层设置】对话框。右击【备用层】，在弹出的快捷菜单中选择【重命名图层】命令，如图 2-11 所示。

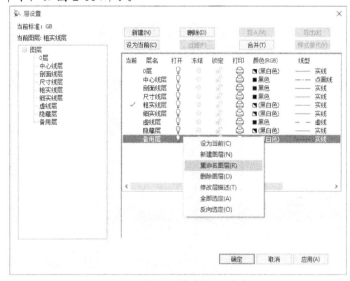

图2-11 选择【重命名图层】命令

2. 在文本框中输入"双点画线层"，然后在空白位置单击，完成重命名。

3. 单击【双点画线层】右侧的 (黑白色) 图标，弹出图 2-12 所示的【颜色选取】对话框。选择蓝色，然后单击 ┌─确定─┐ 按钮，完成颜色设置。

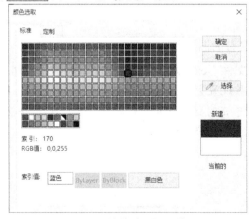

图2-12 【颜色选取】对话框

4. 单击【双点画线层】右侧的 —— 实线 图标,弹出图 2-13 所示的【线型】对话框。选择
【双点画线】选项,然后单击 确定 按钮,完成线型设置。

5. 单击【双点画线层】右侧的 —— 粗线 图标,弹出图 2-14 所示的【线宽设置】对话框。选
择【细线】选项,然后单击 确定 按钮,完成线宽设置。

图2-13 【线型】对话框

图2-14 【线宽设置】对话框

6. 完成后的图层设置如图 2-15 所示。

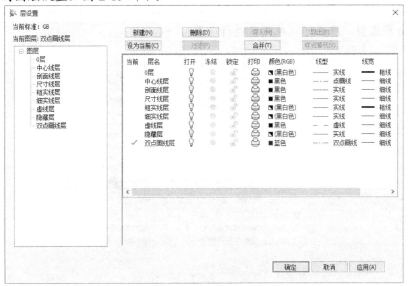

图2-15 完成后的图层设置

2. 打开或关闭图层

在要打开或关闭图层的图层状态处,通过单击 图标进行图层打开或关闭状态的
切换。

3. 冻结或解冻图层

在要冻结或解冻图层的图层状态处,通过单击 图标进行图层冻结或解冻状态的
切换。

4. 锁定或解锁图层

在要锁定或解锁图层的图层状态处，通过单击 📑/🔒 图标进行图层锁定或解锁状态的切换。

5. 打印或不打印图层

在要设置为打印或不打印图层的图层状态处，通过单击 🖨/🖨 图标进行图层打印或不打印状态的切换。

> **要点提示** 当图标 🖨 变为 🖨 时，表示此图层的内容在打印时不会被输出，这对于绘图时不想打印辅助线层很有帮助。

2.2 线型设置

线型设置是指对绘图线型进行修改、加载等操作。

1. 命令启动方法

- 命令行：LTYPE。
- 菜单命令：【格式】/【线型】。
- 选项卡：【常用】选项卡中【特性】面板上的 ═ 按钮。

2. 操作步骤

执行线型设置命令，弹出【线型设置】对话框，如图 2-16 所示。该对话框中列出了系统中的所有线型，用户可以对线型进行设置。

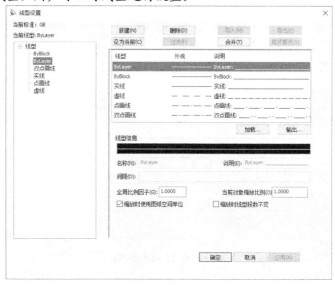

图2-16 【线型设置】对话框

2.2.1 加载线型

加载线型就是将线型加载到当前系统中。在【线型设置】对话框中单击 加载... 按钮，弹出图 2-17 所示的【加载线型】对话框。选择要加载的线型，然后单击 确定 按钮，线型就会被加载到【线型设置】对话框中，如图 2-18 所示，此时可以对线型进行编辑操作。

图2-17　【加载线型】对话框

图2-18　【线型设置】对话框

2.2.2　输出线型

输出线型就是将已有线型输出为一个线型文件并保存。在【线型设置】对话框中单击 ⌈输出…⌉ 按钮，弹出【输出线型】对话框，如图 2-19 所示。在该对话框的列表框中选择需要输出的线型，然后单击 ⌈确定⌉ 按钮即可输出该线型。

图2-19　【输出线型】对话框

2.3　颜色设置

颜色设置是指对线型的颜色进行设置、修改等操作。

1.　命令启动方法

- 命令行：COLOR。
- 菜单命令：【格式】/【颜色】。
- 选项卡：【常用】选项卡中【特性】面板上的 ⬤ 按钮。

2.　操作步骤

1.　执行颜色命令，弹出【颜色选取】对话框，如图 2-20 所示。

2. 选择需要的颜色后，单击 确定 按钮即可完成颜色的设置。

在【颜色选取】对话框中，用户可以在【标准】选项卡中直接通过单击选择某种基本颜色；也可以切换到【定制】选项卡，如图 2-21 所示，在该选项卡中添加自定义的颜色。

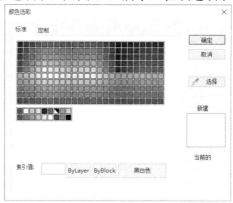

图2-20 【颜色选取】对话框

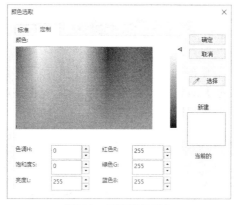

图2-21 【定制】选项卡

添加自定义颜色的方法有以下 3 种。

- 直接在【定制】选项卡下方的 6 个数值框中输入相应的颜色值。
- 在【颜色】列表框中拖曳鼠标，同时注意观察下方数值框中颜色值的变化情况，当颜色值符合要求时松开鼠标。
- 单击 选择 按钮，鼠标指针变为 形状后，单击绘图区中的某一位置，拾取一种颜色即可。

2.4 文本风格设置

文本风格设置是指对文本的字体、大小、倾斜角等进行设置。

1. 命令启动方法

- 命令行：textpara。
- 菜单命令：【格式】/【文字】。
- 选项卡：【常用】选项卡中【特性】面板的【样式管理】下拉菜单中的 文字D... 按钮。

2. 操作步骤

1. 执行文字命令，弹出【文本风格设置】对话框，如图 2-22 所示。

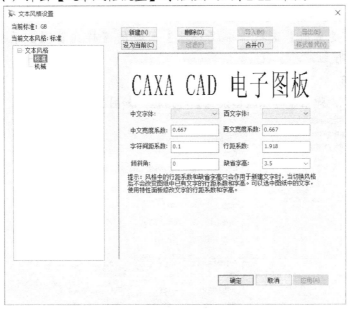

图2-22　【文本风格设置】对话框

2. 通过该对话框可以设置绘图区中文字的各种参数。设置完毕后，单击 确定 按钮即可。

　　【文本风格设置】对话框中列出了当前文件中所有已定义的文本风格。系统预定义了【标准】和【机械】两种文本风格，【标准】文本风格不可以被删除但可以进行编辑。选中一个文本风格后，在该对话框中可以设置字体、宽度系数、字符间距系数、倾斜角、默认字高等参数，并可以实时预览。

　　【文本风格设置】对话框中各选项的介绍如下。

- 【中文字体】：在该下拉列表中选择中文文字所使用的字体。
- 【西文字体】：在该下拉列表中选择西文文字所使用的字体。
- 【中文宽度系数】【西文宽度系数】：当宽度系数为 1 时，文字的长宽比例与 TrueType 字体文件中描述的字形保持一致；当宽度系数为其他值时，文字宽度在原基础上缩小或放大相应的倍数。
- 【字符间距系数】：设置同一行（列）中两个相邻字符的间距与设定字高的比值。
- 【行距系数】：设置水平书写时两个相邻行的间距与设定字高的比值。
- 【倾斜角】：水平书写时，倾斜角为一行文字的延伸方向与坐标系的 x 轴正半轴按逆时针测量的夹角；竖直书写时，倾斜角为一列文字的延伸方向与坐标系的 y 轴负半轴按逆时针测量的夹角。倾斜角的单位为度（°）。
- 【缺省字高】：设置生成文字时默认的字高。

2.5　标注风格设置

　　标注风格设置是指对标注文本的字体、大小、格式等进行设置。

1. **命令启动方法**

- 命令行：dimpara。
- 菜单命令:【格式】/【尺寸】。
- 选项卡:【常用】选项卡中【特性】面板的【样式管理】下拉菜单中的
  尺寸 按钮。

2. **操作步骤**

1. 执行尺寸命令，弹出【标注风格设置】对话框，如图 2-23 所示。

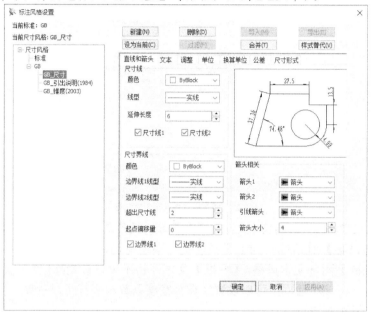

图2-23　【标注风格设置】对话框

2. 在该对话框中，用户可以对当前的标注风格进行编辑，也可以新建标注风格并设置为当前的标注风格。系统预定义了【标准】尺寸风格，它不能被删除或重命名，但可以进行编辑。

3. 在【直线和箭头】选项卡中可以对尺寸线、尺寸界线及箭头进行颜色和风格的设置；在【文本】选项卡中可以设置文本风格及与尺寸线的参数关系；在【调整】选项卡中可以设置尺寸线及文字的位置，并确定标注总比例；在【单位】选项卡中可以设置标注的精度；在【换算单位】选项卡中可以指定标注测量值中换算单位的显示并设置其格式和精度；在【公差】选项卡中可以设置标注文字中公差的格式及显示；在【尺寸形式】选项卡中可以控制弧长标注和引出点等参数。

2.5.1 新建标注风格

新建标注风格是用户自定义的标注风格，用户可以根据自己的习惯或新的要求建立新的标注风格，以便使用。

【练习2-5】：　打开素材文件"exb\第 2 章\2-5.exb"，新建一种标注风格。

1. 选择菜单命令【格式】/【尺寸】，打开【标注风格设置】对话框。单击 新建(N) 按钮，弹出图 2-24 所示的提示对话框，单击 是(Y) 按钮，弹出【新建风格】对话框，如图 2-25 所示。

图2-24　提示对话框

图2-25　【新建风格】对话框

2. 在【风格名称】文本框中输入新建风格的名称"复件 GB_尺寸"，然后单击 下一步 按钮，此时的【标注风格设置】对话框如图 2-26 所示。

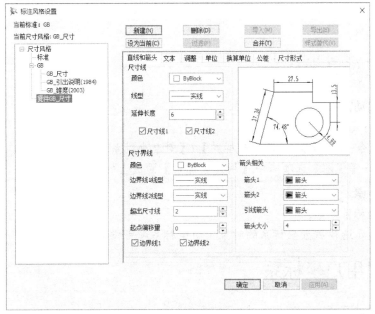

图2-26　【标注风格设置】对话框

(1) 在【直线和箭头】选项卡中设置【箭头大小】为"4"。
(2) 在【文本】选项卡中设置【文字字高】为"5"。
(3) 其他选项卡采用默认设置。
3. 设置完成后，单击 确定 按钮即可。

2.5.2　设置为当前标注风格

在【标注风格设置】对话框的【当前尺寸风格】列表框中选择一种标注风格，然后单击 设为当前(C) 按钮，就可以将这种标注风格设置为当前标注风格。

2.6　用户坐标系

绘制图形时，合理使用用户坐标系可以很方便地输入坐标点，从而提高绘图效率。

2.6.1 新建原点坐标系

新建原点坐标系即为用户根据需求创建一个原点坐标系。

1. 命令启动方法

- 命令行：newucs。
- 菜单命令:【工具】/【新建坐标系】/【原点坐标系】。
- 选项卡:【视图】选项卡中【用户坐标系】面板上的 按钮。

2. 操作步骤

1. 执行原点坐标系命令。
2. 按照系统提示输入用户坐标系的原点，然后根据提示输入坐标系的旋转角，新坐标系即可设置完成。

2.6.2 新建对象坐标系

1. 命令启动方法

- 命令行：ocs。
- 菜单命令:【工具】/【新建坐标系】/【对象坐标系】。
- 选项卡:【视图】选项卡中【用户坐标系】面板上的 按钮。

2. 操作步骤

1. 执行对象坐标系命令。
2. 按照系统提示选择放置坐标系的对象，新坐标系即可设置完成。

2.6.3 管理用户坐标系

1. 命令启动方法

- 菜单命令:【工具】/【坐标系管理】。
- 选项卡:【视图】选项卡中【用户坐标系】面板上的 按钮。

2. 操作步骤

1. 执行管理用户坐标系命令，系统弹出图 2-27 所示的【坐标系】对话框。
2. 在该对话框中可以对坐标系进行重命名或删除等操作。

> **要点提示** 原当前坐标系失效，其颜色变为非当前坐标系颜色；新的坐标系生效，其颜色变为当前坐标系颜色。

图2-27 【坐标系】对话框

2.7 捕捉设置

捕捉设置是设置十字光标在屏幕上的捕捉方式。

2.7.1 捕捉点设置

1. 命令启动方法

- 命令行：potset。
- 菜单命令:【工具】/【捕捉设置】。
- 选项卡:【工具】选项卡中【选项】面板上的 按钮。

2. 操作步骤

执行捕捉设置命令，弹出【智能点工具设置】对话框，如图 2-28 所示。在该对话框中设置参数，可以设置十字光标在屏幕上的捕捉方式。

图2-28 【智能点工具设置】对话框

【智能点工具设置】对话框中各选项的介绍如下。

(1) 【当前模式】下拉列表。

- 【自由】：点的输入完全由十字光标当前的实际位置来确定。
- 【栅格】：可以用十字光标捕捉栅格点并可以设置栅格的可见与不可见。
- 【智能】：十字光标自动捕捉一些特征点，如圆心、切点、中点等。
- 【导航】：可以通过十字光标对若干特征点，如孤立点、线段中点等进行导航。

(2) 【捕捉和栅格】选项卡。

通过该选项卡设置间距捕捉和栅格显示。

(3) 【极轴导航】选项卡。

通过该选项卡设置极轴导航参数。

(4) 【对象捕捉】选项卡。

通过该选项卡设置对象捕捉参数。

用户既可以通过【智能点工具设置】对话框来设置屏幕上点的捕捉方式，也可以通过界面右下角的捕捉状态菜单来设置捕捉方式，如图 2-29 所示。

图2-29 捕捉状态菜单

2.7.2 拾取过滤设置

拾取过滤设置是设置拾取图形元素的过滤条件。

1. 命令启动方法

- 命令行：objectset。
- 菜单命令：【工具】/【拾取设置】。
- 选项卡：【工具】选项卡中【选项】面板上的 按钮。

2. 操作步骤

1. 执行拾取设置命令，弹出【拾取过滤设置】对话框，如图 2-30 所示。
2. 通过该对话框可以设置拾取图形元素的过滤条件。
3. 设置完成后单击 确定 按钮即可。

图2-30 【拾取过滤设置】对话框

【拾取过滤设置】对话框中有【实体】【尺寸】【图层】【颜色】【线型】5 个分组框，介绍如下。

- 【实体】：包括系统具有的所有图形元素种类，即点、直线、圆、圆弧、多段线、块、剖面线、文字、尺寸、填充、零件序号、图框、标题栏、明细表等。

- 【尺寸】：包括系统当前具有的所有尺寸种类，即线性尺寸、角度尺寸、半径尺寸、直径尺寸、弧长标注等。
- 【图层】：包括系统当前所有处于打开状态的图层。
- 【颜色】：包括系统的 64 种颜色。
- 【线型】：包括系统当前具有的所有线型种类，即实线、虚线、点画线及双点画线。

2.8　系统配置

选项命令用于设置系统的常用参数。

1.　命令启动方法

- 菜单命令：【工具】/【选项】。
- 选项卡：【工具】选项卡中【选项】面板上的 按钮。

2.　操作步骤

1. 执行选项命令，弹出【选项】对话框。
2. 在左侧列表框中选择【路径】选项，打开路径设置界面，如图 2-31 所示，在该界面中可以对文件路径进行设置。

图2-31　路径设置界面

3. 选择【显示】选项，打开显示设置界面，如图 2-32 所示，在该界面中可以对系统的一些颜色参数和十字光标进行设置。

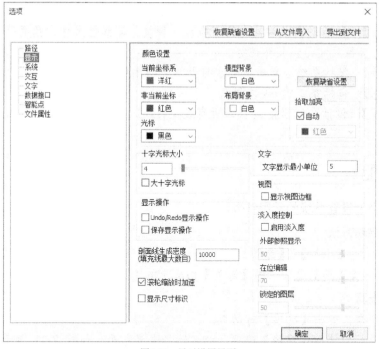

图2-32　显示设置界面

4. 选择【系统】选项，打开系统设置界面，如图 2-33 所示，在该界面中可以对系统的一些参数进行设置。

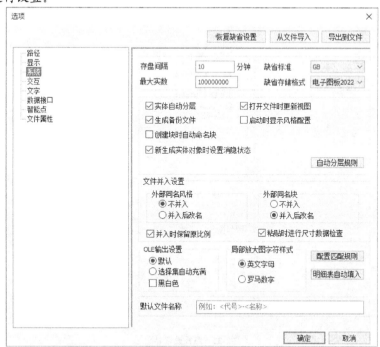

图2-33　系统设置界面

5. 选择【交互】选项，打开交互设置界面，如图 2-34 所示，在该界面中可以设置拾取框及颜色、夹点大小、夹点颜色、命令风格等，还可以自定义右键单击。

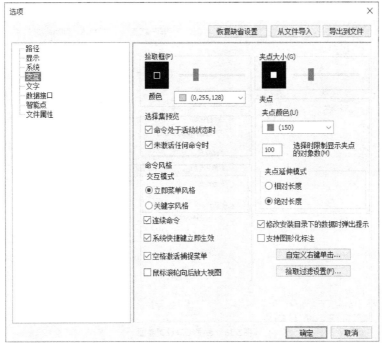

图2-34 交互设置界面

6. 选择【文字】选项，打开文字设置界面，如图 2-35 所示，在该界面中可以对系统的一些文字参数进行设置。

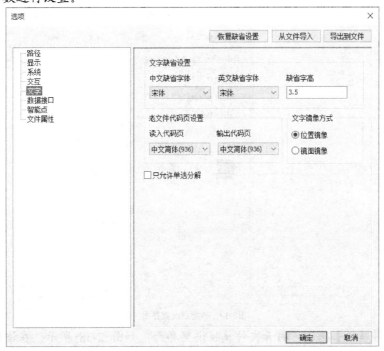

图2-35 文字设置界面

7. 选择【数据接口】选项，打开数据接口设置界面，如图 2-36 所示，在该界面中可以对系统的一些接口参数进行设置。

图2-36 数据接口设置界面

8. 选择【智能点】选项，打开智能点设置界面，如图 2-37 所示，在该界面中可以设置十字光标在屏幕上的捕捉方式。

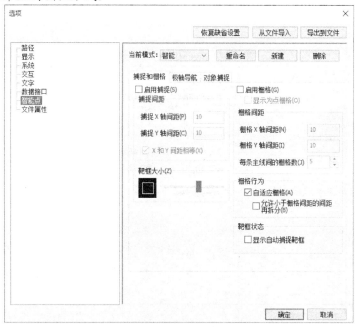

图2-37 智能点设置界面

9. 选择【文件属性】选项，打开文件属性设置界面，如图 2-38 所示，在该界面中可以设置文件图形单位的长度和角度、标注是否关联、填充的剖面线是否关联，以及在创建新图纸时是否创建视口。

10. 设置完成后单击 确定 按钮即可。

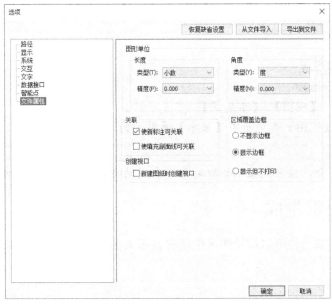

图2-38 文件属性设置界面

2.9 属性查看

1. 命令启动方法

菜单命令:【工具】/【特性】。

2. 操作步骤

执行特性命令,打开【特性】面板,如图 2-39 所示。当没有选择图形元素时,【特性】面板显示的是全局信息;当选择不同的图形元素时,【特性】面板显示相应图形元素的信息。

图2-39 【特性】面板

2.10 图形的重生成

利用重生成功能可以将拾取到的显示失真的图形按当前窗口的显示状态重新生成。

2.10.1 重生成

1. 命令启动方法

- 命令行：refresh。
- 菜单命令：【视图】/【重生成】。
- 选项卡：【视图】选项卡中【显示】面板上的 ○ 按钮。

2. 操作步骤

执行重生成命令，按系统提示拾取要重新生成的实体，右击确认即可。

2.10.2 全部重生成

利用全部重生成功能可以将绘图区中所有显示失真的图形按当前窗口的显示状态进行重新生成。

命令启动方法

- 命令行：refreshall。
- 菜单命令：【视图】/【全部重生成】。
- 选项卡：【视图】选项卡中【显示】面板上的 ▣ 按钮。

2.11 图形的缩放与平移

图形的缩放与平移是对绘图区中的图形进行整体缩放和平移的一种方法，以便绘图和观察。此操作不改变图形的具体坐标。

2.11.1 显示窗口

显示窗口功能提示用户输入一个窗口的左上角点和右下角点，系统会将两角点形成的区域所包含的图形以充满绘图区的形式显示。

命令启动方法

- 命令行：zoom。
- 菜单命令：【视图】/【显示窗口】。
- 工具栏：【常用工具】工具栏中的 ◯ 按钮。
- 选项卡：【视图】选项卡中【显示】面板上的 ◯ 按钮。

【练习2-6】： 打开素材文件"exb\第 2 章\2-6.exb"，如图 2-40 左图所示，使用显示窗口功能显示图 2-40 右图所示的图形。

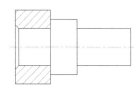

图2-40 窗口显示样式

1. 单击【视图】选项卡中【显示】面板上的⌖按钮。
2. 此时命令行提示如下。

显示窗口第一角点：　　　　　　　　　　　　//单击图 2-40 右图中的左上角点

显示窗口第二角点：　　　　　　　　　　　　//单击右下角点

3. 框选内容以充满绘图区的形式显示，如图 2-40 右图所示。

2.11.2　显示平移

显示平移功能提示用户输入一个新的显示中心点，系统将以该点为屏幕显示的中心，平移待显示的图形。

命令启动方法

- 命令行：dyntrans。
- 菜单命令：【视图】/【显示平移】。
- 选项卡：【视图】选项卡中【显示】面板的【显示窗口】下拉菜单中的✐按钮。

继续前面的练习，使用显示平移功能平移图形，如图 2-41 右图所示。

图2-41　平移图形

1. 在【视图】选项卡中单击【显示】面板上【显示窗口】下拉菜单中的✐按钮。
2. 命令行提示"屏幕显示中心点"，单击图 2-41 右图所示左端面的屏幕中心点。
3. 此时图形移动到以指定的点为屏幕中心点的位置，完成平移操作。

2.11.3　显示全部

利用显示全部功能可将当前所绘制的图形全部显示在绘图区内。

命令启动方法

- 命令行：zoomall。
- 菜单命令：【视图】/【显示全部】。
- 工具栏：【常用工具】工具栏中的⌖按钮。
- 选项卡：【视图】选项卡中【显示】面板上的⌖按钮。

【练习2-7】：　打开素材文件"exb\第 2 章\2-7.exb"，如图 2-42 所示。使用显示全部功能将当前图形全部显示在绘图区内，结果如图 2-43 所示。

1. 单击【视图】选项卡中【显示】面板上的⌖按钮。
2. 此时所有的图形全部显示在绘图区中，结果如图 2-43 所示。

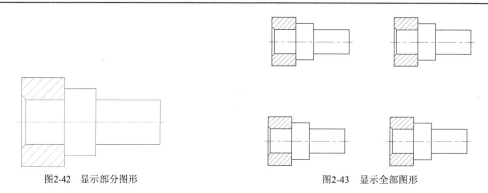

图2-42 显示部分图形   图2-43 显示全部图形

2.11.4 显示复原

利用显示复原功能可以恢复初始显示状态，即当前图纸大小的显示状态。

命令启动方法

- 命令行：home。
- 菜单命令：【视图】/【显示复原】。
- 选项卡：【视图】选项卡中【显示】面板的【显示窗口】下拉菜单中的 ⊠ 按钮。

继续前面的练习。

1. 单击【视图】选项卡中【显示】面板的【显示窗口】下拉菜单中的 ⊠ 按钮。
2. 此时会恢复图形显示的初始状态。

2.11.5 显示比例

显示比例功能用于按用户输入的比例系数将图形缩放后重新显示。

命令启动方法

- 命令行：vscale。
- 菜单命令：【视图】/【显示比例】。
- 选项卡：【视图】选项卡中【显示】面板的【显示窗口】下拉菜单中的 ⊠ 按钮。

【练习2-8】： 打开素材文件"exb\第 2 章\2-8.exb"，如图 2-44 所示，使用显示比例功能将图形缩小一半显示。

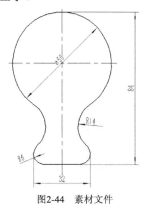

图2-44 素材文件

1. 执行显示比例命令，系统提示输入比例系数，输入 "0.5"，然后按 Enter 键。
2. 此时绘图区中的图形按原图的 1/2 显示。

2.11.6　显示上一步

显示上一步功能用于取消当前显示，返回上一步的显示状态。

命令启动方法

- 命令行：prev。
- 菜单命令：【视图】/【显示上一步】。
- 工具栏：【常用工具】工具栏中的 🔎 按钮。
- 选项卡：【视图】选项卡中【显示】面板上的 🔎 按钮。

继续前面的练习。

1. 单击【视图】选项卡中【显示】面板上的 🔎 按钮。
2. 图形返回上一步的显示状态。

2.11.7　显示下一步

显示下一步功能用于恢复到下一步的显示状态，同显示上一步功能配套使用。

命令启动方法

- 命令行：next。
- 菜单命令：【视图】/【显示下一步】。
- 选项卡：【视图】选项卡中【显示】面板的【显示窗口】下拉菜单中的 🔎 按钮。

继续前面的练习。

1. 单击【视图】选项卡中【显示】面板【显示窗口】下拉菜单中的 🔎 按钮。
2. 图形恢复到下一步的显示状态。

2.11.8　显示放大

执行显示放大命令后，鼠标指针会变成 🔍 形状，每单击一次，就可以按固定比例（1.25 倍）放大显示当前图形，右击可以结束放大操作。

命令启动方法

- 命令行：zoomin。
- 菜单命令：【视图】/【显示放大】。
- 选项卡：【视图】选项卡中【显示】面板的【显示窗口】下拉菜单中的 ⊕ 按钮。

继续前面的练习。

1. 单击【视图】选项卡中【显示】面板的【显示窗口】下拉菜单中的 ⊕ 按钮。
2. 在要放大的部位单击，此时绘图区将放大显示图形。
3. 连续单击，图形会按固定比例连续放大。

2.11.9　显示缩小

执行显示缩小命令后，鼠标指针会变成🔍形状，每单击一次，就可以按固定比例（80%）缩小显示当前图形，右击可以结束缩小操作。

命令启动方法

- 命令行: zoomout。
- 菜单命令:【视图】/【显示缩小】。
- 选项卡:【视图】选项卡中【显示】面板的【显示窗口】下拉菜单中的🔍按钮。

继续前面的练习。

1. 单击【视图】选项卡中【显示】面板的【显示窗口】下拉菜单中的🔍按钮。
2. 在要缩小的部位单击，此时绘图区将缩小显示图形。
3. 连续单击，图形按固定比例连续缩小。

2.12　图形的动态平移与动态缩放

利用动态平移与动态缩放功能可以对图形进行平移和缩放，便于在设计时观察图形，此操作不改变图形的具体坐标。

2.12.1　动态平移

执行动态平移命令后，拖曳鼠标可以使整个图形跟随鼠标指针动态平移，右击可以结束动态平移操作。

命令启动方法

- 命令行: pan。
- 菜单命令:【视图】/【动态平移】。
- 工具栏:【常用工具】工具栏中的✋按钮。
- 选项卡:【视图】选项卡中【显示】面板上的✋按钮。

此外，按住 Shift 键的同时按住鼠标滚轮拖曳也可以实现动态平移，这种方法更加快捷、方便。

2.12.2　动态缩放

执行动态缩放命令后，拖曳鼠标可以使整个图形跟随鼠标指针动态缩放，向上拖曳鼠标可放大图形，向下拖曳鼠标可缩小图形，右击可结束操作。

命令启动方法

- 命令行: dynscale。
- 菜单命令:【视图】/【动态缩放】。
- 工具栏:【常用工具】工具栏中的🔍按钮。
- 选项卡:【视图】选项卡中【显示】面板上的🔍按钮。

此外，滚动鼠标滚轮也可以实现动态缩放，这种方法更加快捷、方便。

2.13 三视图导航

三视图导航是导航方式的扩充，使用该功能可以方便地确定投影关系。当绘制完两个视图后，可以使用三视图导航生成第3个视图。

命令启动方法

- 命令行：guide。
- 菜单命令：【工具】/【三视图导航】。
- 快捷键：F7。

【练习2-9】： 打开素材文件"exb\第2章\2-9.exb"，使用三视图导航功能完成左视图的绘制，如图2-45所示。

第一点

第二点

图2-45 绘制三视图导航线

1. 执行三视图导航命令，根据提示给出第一点及第二点，绘图区出现一条黄色的45°辅助导航的斜线，命令行提示如下。

   第一点（右键恢复上一次导航线）： //单击图2-45左图中的第一点

   第二点： //单击第二点

2. 在【常用】选项卡的【绘图】面板中单击 按钮，在立即菜单中分别选择【两点线】【连续】选项，使用导航功能找到导航对应点后单击，如图2-46所示。

3. 向上移动十字光标，找到虚线交接的导航对应点，单击，如图2-47所示。

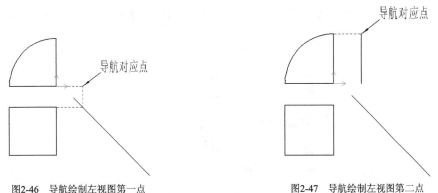

导航对应点

导航对应点

图2-46 导航绘制左视图第一点　　　　　　图2-47 导航绘制左视图第二点

4. 向右移动十字光标，找到虚线交接的导航对应点，单击，如图2-48所示。

5. 向下移动十字光标，找到虚线交接的导航对应点，单击，如图2-49所示。

6. 向左移动十字光标，单击封闭图形，完成左视图的绘制，结果如图2-45右图所示。

图2-48　导航绘制左视图第三点　　　　　图2-49　导航绘制左视图第四点

2.14　界面定制

用户可以根据自己的使用习惯定制界面。

2.14.1　显示／隐藏工具栏

将鼠标指针移动到任意一个工具栏区域中右击，都会弹出快捷菜单，快捷菜单中有【主菜单】【工具条】【立即菜单】【状态条】等工具栏命令，名称前带"√"的表示当前工具栏正在显示，选择快捷菜单中的某一命令可以使相应的工具栏或其他菜单在显示和隐藏的状态之间进行切换。

2.14.2　重新组织菜单和工具栏

CAXA CAD 电子图板提供了一组默认的菜单和工具栏命令组织方案，一般情况下这是一组比较合理和易用的组织方案，但是用户也可以根据需要通过使用界面定制工具重新组织菜单和工具栏，即用户可以在菜单和工具栏中添加命令和删除命令。

1.　在菜单和工具栏中添加命令

(1)　命令启动方法。

　　菜单命令：【工具】/【自定义】。

(2)　操作步骤。

执行自定义命令，弹出【自定义】对话框，选择【命令】选项卡，如图 2-50 所示。

图2-50　【命令】选项卡

【类别】列表框中列出了命令所属的类别，【命令】列表框中列出了所选类别中的所有命令，选择某个命令后，【说明】栏中会显示出对该命令的说明。这时可以拖曳所选的命令到需要的菜单中，当菜单显示命令列表时，将命令拖曳至需要其出现的位置，然后释放鼠标，示例如图 2-51 所示。

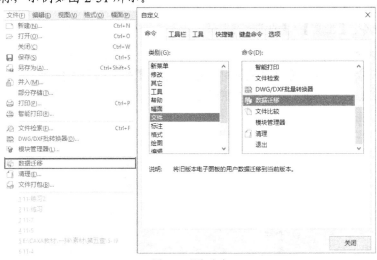

图2-51　添加命令

将命令插入工具栏中的方法也是一样的，拖曳所选的命令到工具栏中适当的位置后，再释放鼠标。

2. 从菜单和工具栏中删除命令

(1) 命令启动方法。

菜单命令:【工具】/【自定义】。

(2) 操作步骤。

执行自定义命令，弹出【自定义】对话框，选择【命令】选项卡，如图 2-52 所示。在菜单或工具栏中选择要删除的命令，然后将该命令拖出菜单区域或工具栏即可。

图2-52　自定义去除按钮

2.14.3　定制工具栏

用户可以根据自己的使用习惯定制工具栏。

1.　命令启动方法

菜单命令:【工具】/【自定义】。

2.　操作步骤

执行自定义命令,弹出【自定义】对话框,选择【工具栏】选项卡,如图 2-53 所示,在【工具栏】选项卡中可以进行以下设置。

图2-53　【工具栏】选项卡

(1)　重新设置。

如果对工具栏中的内容进行修改后,想回到工具栏的初始状态,可以使用重置工具栏功能。方法是在【工具栏】列表框中选择要进行重置的工具栏,然后单击 重新设置(R) 按钮,在弹出的提示对话框中单击 是(Y) 按钮即可。

(2)　全部重新设置。

如果需要将所有的工具栏恢复到初始状态,可以直接单击 全部重新设置(A) 按钮,在弹出的提示对话框中单击 是(Y) 按钮。

要点提示 当工具栏全部被重置后,所有的自定义界面信息都将丢失,且不可恢复,因此进行此操作时应该慎重。

(3)　新建。

单击 新建(N)... 按钮,弹出图 2-54 所示的【工具条名称】对话框,在该对话框中输入新建工具条的名称,然后单击 确定 按钮就可以新建一个工具条,接下来可以向工具条中添加一些按钮,通过这种方法可以将常用的功能重新组合。

图2-54　【工具条名称】对话框

（4）　重命名。

首先在【工具栏】列表框中选择要重命名的自定义工具栏，然后单击 <u>重命名(M)...</u> 按钮，在弹出的【工具条名称】对话框中输入新的工具栏名称，最后单击 <u>确定</u> 按钮即可完成重命名操作。

（5）　删除。

在【工具栏】列表框中选择要删除的自定义工具栏，单击 <u>删除(D)</u> 按钮，在弹出的提示对话框中单击 <u>是(Y)</u> 按钮，即可完成删除操作。

（6）　显示文本。

在【工具栏】列表框中选择要显示文本的工具栏，然后勾选【显示文本】复选框，这时在工具栏按钮的下方就会显示相应文字说明。若取消勾选【显示文本】复选框，则不再显示文字说明。

> **要点提示**　用户只能对自己创建的工具栏进行重命名和删除操作，不能更改 CAXA CAD 电子图板自带的工具栏名称，也不能删除 CAXA CAD 电子图板自带的工具栏。

2.14.4　定制工具

在 CAXA CAD 电子图板中，利用外部工具定制功能可以把一些常用的工具集成到 CAXA CAD 电子图板中，这样使用起来会十分方便。

1.　命令启动方法

菜单命令：【工具】/【自定义】。

2.　操作步骤

执行自定义命令，弹出【自定义】对话框，选择【工具】选项卡，如图 2-55 所示。【菜单目录】列表框中列出了系统已有的外部工具，每一个列表项中的文字就是这个外部工具在【工具】菜单中的名称；列表框右上角的 4 个按钮分别为 ▦（新建）、 ✕ （删除）、 ↑ （上移一层）、 ↓ （下移一层）；【命令】文本框中记录的是当前选中的外部工具的执行文件名；【行变量】文本框中记录的是程序运行时所需的参数；【初始目录】文本框中记录的是执行文件所在的目录。

图2-55　【工具】选项卡

55

在【工具】选项卡中可以进行以下操作。

- 修改外部工具在菜单中的名称：在【菜单目录】列表框中双击要改变在菜单中的名称的外部工具，直接输入新的在菜单中的名称，然后按 Enter 键确认即可。

- 修改已有外部工具的执行文件：在【菜单目录】列表框中选择要改变执行文件的外部工具，【命令】文本框中会显示该外部工具所对应的执行文件，用户可以在该文本框中输入新的执行文件名，也可以单击该文本框右侧的 按钮，在弹出的【打开】对话框中选择所需的执行文件。

> **要点提示** 如果在【初始目录】文本框中输入了应用程序所在的目录，那么在【命令】文本框中只需要输入执行文件的文件名；如果在【初始目录】文本框中没有输入目录，那么在【命令】文本框中必须输入完整的路径及文件名。

2.14.5 定制快捷键

在 CAXA CAD 电子图板中，用户可以为每一个命令指定一个或多个快捷键，这样就可以通过快捷键来使用相应功能提高操作效率。

1. 命令启动方法

菜单命令：【工具】/【自定义】。

2. 操作步骤

执行自定义命令，弹出【自定义】对话框，选择【快捷键】选项卡，如图 2-56 所示。在【类别】下拉列表中可以选择命令的类别，命令的分类是根据主菜单的组织而划分的；【命令】列表框中列出了所选类别中的所有命令，当选择某个命令后，右侧的【快捷键】列表框中会列出该命令的快捷键。

图2-56 【快捷键】选项卡

【快捷键】选项卡可以实现以下功能。

(1) 指定新的快捷键。

在【命令】列表框中选择要指定快捷键的命令后，在【请按新快捷键】文本框中输入要指定的快捷键，如果输入的快捷键已经被其他命令占用，那么在该文本框下方会出现该快捷键当前被指定的命令提示，此时就要重新输入其他的快捷键。确定没有问题后，单击 指定(A) 按钮就可以将该快捷键添加到【快捷键】列表框中。关闭【自定义】对话框后，使用刚才定义的快捷键，即可执行相应的命令。

> **要点提示** 在定义快捷键时，最好不要使用单个字母，而是要加上 Ctrl 或 Alt 键，因为快捷键的响应级别比较高，例如定义打开文件的快捷键为"O"，则当输入平移的命令"move"时，输入"O"之后就会激活打开文件命令。

(2)　删除已有的快捷键。

在【快捷键】列表框中选择要删除的快捷键，然后单击 删除(R) 按钮即可。

(3)　恢复快捷键的初始设置。

如果需要将所有快捷键恢复到初始设置，可以单击 重新设置(S) 按钮，在弹出的提示对话框中单击 是(Y) 按钮确认重置。

> **要点提示** 重置快捷键后，所有的自定义快捷键设置都将丢失，因此在进行重置操作时应该慎重。

2.14.6　定制键盘命令

在 CAXA CAD 电子图板中，用户不仅可以为每一个命令指定一个或多个快捷键，还可以指定一个键盘命令。键盘命令不同于快捷键，快捷键只能使用一个键（可以同时包含功能键 Ctrl 和 Alt），按快捷键后将立即响应并执行命令；而键盘命令可以由多个字符组成，字符不区分大小写，输入键盘命令后，需要按空格键或 Enter 键才能执行命令。由于所能定义的快捷键比较少，因此键盘命令是快捷键的补充，将两者结合使用可以大大提高操作效率。

1.　命令启动方法

菜单命令:【工具】/【自定义】。

2.　操作步骤

1.　执行自定义命令，弹出【自定义】对话框，选择【键盘命令】选项卡，如图 2-57 所示。

图2-57　【键盘命令】选项卡

2. 在【目录】下拉列表中可以选择命令的类别，命令的分类是根据主菜单的组织而划分的。【命令】列表框中列出了所选类别中的所有命令，当选择某个命令后，右侧的【键盘命令】列表框中会列出该命令的键盘命令。

3. 【键盘命令】选项卡可以实现以下功能。

- 指定新的键盘命令。在【命令】列表框中选择要指定键盘命令的命令后，在【输入新的键盘命令】文本框中输入要指定的键盘命令，然后单击 指定 按钮即可。如果输入的键盘命令已经被其他命令使用，则会弹出对话框提示用户重新输入；如果这个键盘命令没有被其他命令使用，则可以将此键盘命令添加到【键盘命令】列表框中。关闭【自定义】对话框后，使用刚才定义的键盘命令，即可执行相应的命令。

- 删除已有的键盘命令。在【键盘命令】列表框中选择要删除的键盘命令，然后单击 删除 按钮，即可删除所选的键盘命令。

- 恢复键盘命令的初始设置。如果需要将所有键盘命令恢复到初始设置，可以单击 重置所有 按钮，在弹出的提示对话框中单击 是(Y) 按钮确认重置。

> **要点提示** 重置键盘命令后，所有的自定义键盘命令设置都将丢失，因此在进行重置操作时应该慎重。

2.14.7　其他界面定制

通过选项设置可以重新组织菜单和工具栏。

1. 命令启动方法

菜单命令：【工具】/【自定义】。

2. 操作步骤

执行自定义命令，弹出【自定义】对话框，选择【选项】选项卡，如图 2-58 所示。

图2-58　【选项】选项卡

【选项】选项卡可以实现以下功能。

(1) 设置工具栏显示效果。

在【工具条】区域中可以设置是否显示关于工具栏的提示、是否在屏幕提示中显示快捷方式、是否将按钮显示成大图标、是否采用多标签页、是否适配系统缩放比例等。

(2) 定义个性化菜单。

启用个性化菜单风格后，菜单中的内容会根据用户的使用频率而改变，常用的菜单命令会出现在菜单的"前台"，而不经常使用的菜单命令则会被隐藏到"幕后"。当用户将鼠标指针悬停在某个菜单命令上或单击下方的下拉箭头时，整个菜单将显示出来，以便用户选择所需的命令。这种个性化菜单风格可以提高用户的工作效率，给用户更好的使用体验。

> **要点提示** CAXA CAD 电子图板初始设置中没有使用个性化菜单，如果需要使用个性化菜单，应该在【选项】选项卡中勾选【在菜单中显示最近使用的命令】复选框。

2.15　界面操作

用户可通过界面操作功能对界面进行配置。

2.15.1　切换界面

切换界面操作可以使界面在不同的界面配置之间切换。

1.　命令启动方法

- 命令行：interface。
- 菜单命令：【工具】/【界面操作】/【切换】。
- 选项卡：【视图】选项卡中【界面操作】面板上的 ▢ 按钮。
- 快捷键：F9。

2.　操作步骤

执行切换命令，即可实现新/旧界面的切换。切换到某种界面后，正常退出软件，下次再打开 CAXA CAD 电子图板时，系统将按照之前退出软件时的界面方式显示。

2.15.2　保存界面配置

利用保存界面配置功能可以将界面配置保存。

命令启动方法

- 菜单命令：【工具】/【界面操作】/【保存】。
- 选项卡：【视图】选项卡中【界面操作】面板上的 ▦ 按钮。

图 2-59 所示为执行保存命令后打开的【保存交互配置文件】对话框。

图2-59　【保存交互配置文件】对话框

2.15.3　加载界面配置

当已有的界面配置满足不了需求时，用户可以加载新的界面配置。

1.　命令启动方法

- 菜单命令：【工具】/【界面操作】/【加载】。
- 选项卡：【视图】选项卡中【界面操作】面板上的 ▦ 按钮。

2.　操作步骤

1. 执行加载命令。
2. 系统弹出【加载交互配置文件】对话框，如图 2-60 所示。在该对话框中选择相应的自定义界面文件，然后单击 打开(O) 按钮即可。

图2-60　【加载交互配置文件】对话框

2.15.4 界面重置

界面重置是指恢复原始的界面设置。

命令启动方法

- 菜单命令：【工具】/【界面操作】/【重置】。
- 选项卡：【视图】选项卡中【界面操作】面板上的 按钮。

执行重置命令，会弹出图2-61所示的提示对话框，单击 是(Y) 按钮即可重置界面。

图2-61 提示对话框

2.16 习题

1. 建立一个新图层，并将其图层名、图层状态、颜色、线型分别设置为"7""打开""红色""双点画线"，然后将该图层设置为当前图层。
2. 选择粗实线层，任意绘制一个图形，将图形中的所有粗实线层及该图层的颜色、线型分别改为"虚线层""黄色""虚线"。
3. 试将当前图层变为"虚线层"，颜色、线型和线宽均为【ByLayer】。
4. 利用导航捕捉方式和三视图导航功能绘制图2-62所示的三视图。

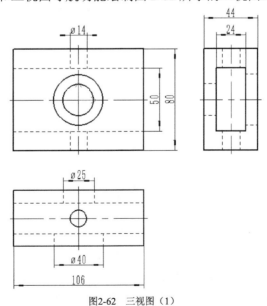

图2-62 三视图（1）

操作提示

首先绘制主视图，然后利用导航捕捉方式绘制俯视图，最后利用三视图导航功能绘制左视图。

5. 利用导航捕捉方式和三视图导航功能绘制图 2-63 所示的三视图。

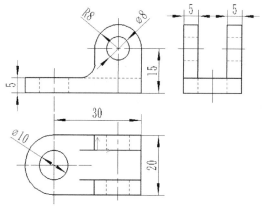

图2-63　三视图（2）

6. 执行图形显示控制的命令会改变图形的实际尺寸吗？

7. 试改变菜单和工具栏中按钮的外观，进行如下设置。

- 改变显示方式。
- 改变按钮图标。
- 改变显示文本。

8. 建立一个自己喜欢的界面，并保存界面配置。

第3章 绘制基本曲线和图形

【学习目标】

- 了解绘制直线、平行线的方法。
- 学会绘制圆、圆弧的方法。
- 学会创建点的方法。
- 熟悉绘制椭圆的方法。
- 掌握创建矩形的方法。
- 掌握绘制正多边形的方法。

通过对本章的学习，读者要学会绘制直线、平行线、圆及圆弧等基本曲线，学会创建点，以及绘制椭圆、矩形及正多边形等基本图形，掌握基本曲线的绘制方法，并能够灵活运用相应命令绘制由直线、圆、椭圆及多边形等对象构成的平面图形。

3.1 绘制直线

本节主要介绍绘制两点线、角度线、角等分线、切线/法线等的命令。

1. 命令启动方法

- 命令行：LINE。
- 菜单命令：【绘图】/【直线】。
- 工具栏：【绘图工具】工具栏中的 按钮。
- 选项卡：【常用】选项卡中【绘图】面板上的 按钮。

2. 立即菜单说明

执行直线命令后，界面左下角会弹出绘制直线的立即菜单，如图 3-1 所示。

图3-1 绘制直线的立即菜单

- 在立即菜单【1】下拉列表中可以选择绘制直线的方式。
- 立即菜单【2】下拉列表中有【连续】和【单根】两个选项。【连续】表示每条线段相互连接，前一线段的终点作为下一线段的起点；而【单根】是指绘制的线段相互独立且互不相连。

CAXA CAD 电子图板提供了 7 种绘制直线的方式，即两点线、角度线、角等分线、切线/法线、等分线、射线及构造线，下面分别介绍。

3.1.1 绘制两点线

两点线是通过指定两点绘制一条直线，可以通过两种方式绘制：一是在绘图区单击，捕捉任意两点来绘制；二是输入两点的坐标来绘制。

【**练习3-1**】： 打开素材文件"exb\第 3 章\3-1.exb"，如图 3-2 左图所示，使用"两点线"方式绘制图 3-2 右图所示的图形。

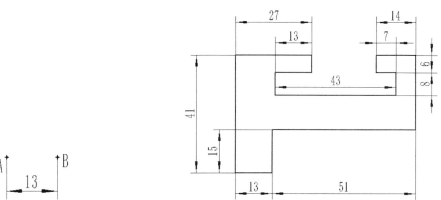

图3-2 使用"两点线"方式绘制直线

1. 单击任意两点绘制直线。
(1) 执行直线命令，在界面左下角弹出绘制直线的立即菜单。
(2) 在立即菜单【1】下拉列表中选择【两点线】选项，在【2】下拉列表中选择【连续】选项，如图 3-3 所示。

1. 两点线 ▾ 2. 连续 ▾

图3-3 两点线立即菜单

(3) 此时命令行提示如下。

第一点： //单击点 A
第二点： //单击点 B

2. 输入坐标绘制两点线。
继续绘制直线，命令行提示如下。

第二点： //输入坐标@0,15，按 Enter 键，完成线段 BC 的绘制
第二点： //输入坐标@51,0，按 Enter 键，完成线段 CD 的绘制
第二点： //输入坐标@0,26 ，按 Enter 键，完成线段 DE 的绘制
第二点： //输入坐标@-14,0，按 Enter 键，完成线段 EF 的绘制
第二点： //输入坐标@0,-6 ，按 Enter 键，完成线段 FG 的绘制
第二点： //输入坐标@7,0，按 Enter 键，完成线段 GH 的绘制
第二点： //输入坐标@0,-8，按 Enter 键，完成线段 HI 的绘制

3. 采用正交方式继续绘制直线，在界面右下角的屏幕点捕捉方式选择区中单击 正交 按钮，此时命令行提示如下。

第二点： //输入 43，向左移动十字光标，按 Enter 键完成线段 IJ 的绘制
第二点： //输入 8，向左移动十字光标，按 Enter 键完成线段 JK 的绘制

第二点：　　　　　　　　//输入 13，向左移动十字光标，按 Enter 键完成线段 KL 的绘制
第二点：　　　　　　　　//输入 6，向左移动十字光标，按 Enter 键完成线段 LM 的绘制
第二点：　　　　　　　　//输入 27，向左移动十字光标，按 Enter 键完成线段 MN 的绘制
第二点：　　　　　　　　//输入 41，向左移动十字光标，按 Enter 键完成线段 NA 的绘制

结果如图 3-4 所示。

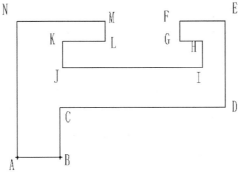

图3-4　完成图形绘制

3.1.2　绘制角度线

角度线有"X 轴夹角""Y 轴夹角""直线夹角" 3 种绘制方式。

【练习3-2】：　　打开素材文件"exb\第 3 章\3-2.exb"，如图 3-5 左图所示，使用"角度线"方式绘制图 3-5 右图所示的图形。

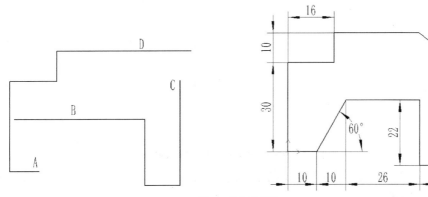

图3-5　绘制角度线

1.　绘制与 x 轴成 60° 夹角的角度线。
(1)　执行直线命令，在界面左下角弹出绘制直线的立即菜单。
(2)　在立即菜单【1】下拉列表中选择【角度线】选项，在【2】下拉列表中选择【X 轴夹角】选项，其余选项设置如图 3-6 所示。

图3-6　角度线立即菜单（1）

(3)　此时命令行提示如下。

第一点：　　　　　　　　　　//单击点 A，出现一条与 x 轴成 60° 夹角的角度线
第二点或长度：　　　　　　　//在合适的位置单击，完成线段 AB 的绘制

结果如图 3-7 左图所示。裁剪图形，结果如图 3-7 右图所示。

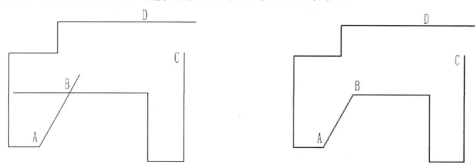

图3-7 绘制与 x 轴成 60° 夹角的角度线

2. 绘制与 y 轴成 52° 夹角的角度线。

(1) 在立即菜单【1】下拉列表中选择【角度线】选项，在【2】下拉列表中选择【Y 轴夹角】选项，其余选项设置如图 3-8 所示。

| 1.角度线 ▼ | 2.Y轴夹角 ▼ | 3.到点 ▼ | 4.度= 52 | 5.分= 0 | 6.秒= 0 |

图3-8 角度线立即菜单（2）

(2) 此时命令行提示如下。

第一点： //单击点 C，出现一条与 y 轴成 52° 夹角的角度线
第二点或长度： //在合适的位置单击，完成线段 CD 的绘制

结果如图 3-9 所示。裁剪图形，结果如图 3-9 右图所示。

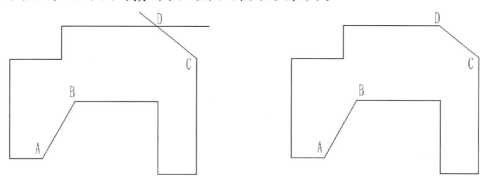

图3-9 绘制与 y 轴成 60° 夹角的角度线

绘制与 x 轴成 60° 夹角的角度线也可以使用"直线夹角"的方式，此时的角度线立即菜单设置如图 3-10 所示。

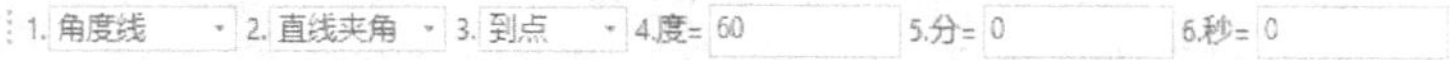

| 1.角度线 ▼ | 2.直线夹角 ▼ | 3.到点 ▼ | 4.度= 60 | 5.分= 0 | 6.秒= 0 |

图3-10 角度线立即菜单（3）

3.1.3 绘制角等分线

利用角等分线功能可以按要求均分任意一个角。

【练习3-3】： 打开素材文件"exb\第 3 章\3-3.exb"，如图 3-11 左图所示，使用"角等分线"方式绘制图 3-11 右图所示的图形。

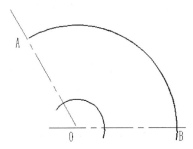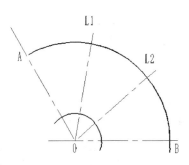

图3-11　绘制角等分线

1. 执行直线命令，在界面左下角弹出绘制直线的立即菜单。
2. 在立即菜单【1】下拉列表中选择【角等分线】选项，在【2.份数】文本框中输入等分的份数"3"，其余选项设置如图 3-12 所示。

> 1.角等分线 ▾　2.份数 3　　3.长度 60

图3-12　角等分线立即菜单

3. 此时命令行提示如下。

　　拾取第一条直线：　　　　　　　　//拾取图 3-11 左图所示∠AOB 的第 1 条边
　　拾取第二条直线：　　　　　　　　//拾取∠AOB 的第 2 条边

　　结果如图 3-11 右图所示。线段 L1、L2 即∠AOB 的三等分线。

3.1.4　绘制切线/法线

切线是与已知曲线相切的线段，法线是与已知曲线垂直的线段。

【练习3-4】：　打开素材文件"exb\第 3 章\3-4.exb"，如图 3-13 左图所示，使用"切线/法线"方式绘制圆 Q1 的切线，结果如图 3-13 右图所示。

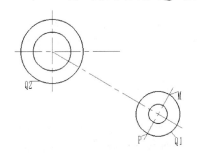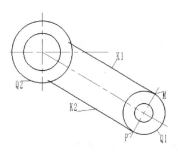

图3-13　绘制切线

1. 执行直线命令，在界面左下角弹出绘制直线的立即菜单。
2. 在立即菜单【1】下拉列表中选择【切线/法线】选项，在【2】下拉列表中选择【切线】选项，其余选项设置如图 3-14 所示。

> 1.切线/法线 ▾　2.切线 ▾　3.非对称 ▾　4.到点 ▾

图3-14　切线立即菜单

3. 此时命令行提示如下：

　　拾取曲线：　　　//选择圆 Q1
　　输入点：　　　　//按空格键，在弹出的工具点菜单中选择【切点】命令，在点 M 附近单击

输入第二点或长度：　　　　　　　　　　　　//捕捉圆 Q2 并单击，完成切线 K1 的绘制

继续执行【切线/法线】命令，命令提示如下：

拾取曲线：　　　　　　　　　　　　　　　//单击圆 Q1

输入点：　　　　　　　　//按空格键，在弹出的工具点菜单中选择【切点】命令，在点 P 附近单击

输入第二点或长度：　　　　　　　　　　　//捕捉圆 Q2 并单击，完成切线 K2 的绘制

结果如图 3-13 右图所示。

【练习3-5】：　　打开素材文件"exb\第 3 章\3-5.exb"，如图 3-15 左图所示，使用"切线/法
线"方式绘制法线，结果如图 3-15 右图所示。

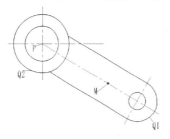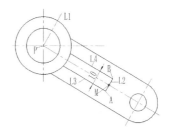

图3-15　绘制法线

1. 执行直线命令，在界面左下角弹出绘制直线的立即菜单。

2. 在立即菜单【1】下拉列表中选择【切线/法线】选项，在【2】下拉列表中选择【法
线】选项，在【3】下拉列表中选择【非对称】选项，其余选项设置如图 3-16 所示。

> 1. 切线/法线　▼　2. 法线　▼　3. 非对称　▼　4. 到点　▼

图3-16　法线立即菜单

3. 此时命令行提示如下：

拾取曲线：　　　　　　　　　　　//选择图 3-15 左图中的线段 PM

输入点：　　　　　　　　　　　　//单击点 P

输入第二点或长度：　　　　　　　//在圆 Q2 右上角单击，完成法线 L1 的绘制

4. 继续执行【切线/法线】命令，在立即菜单【3】下拉列表中选择【对称】选项，此时命
令行提示如下：

拾取曲线：　　　　　　　　　　　//选择图 3-15 左图中的线段 PM

输入点：　　　　　　　　　　　　//单击点 M

输入第二点或长度：　　　　　　　//输入法线长度"10"，按 Enter 键，完成法线 L2 的绘制

5. 继续执行【切线/法线】命令，在立即菜单【3】下拉列表中选择【非对称】选项，此时
命令行提示如下：

拾取曲线：　　　　　　　　　　　//选择线段 L2

输入点：　　　　　　　　　　　　//单击图 3-15 右图中的点 A

输入第二点或长度：　　　　　　　//单击圆 Q2，完成法线 L3 的绘制

继续执行以上【切线/法线】命令，命令行提示如下：

拾取曲线：　　　　　　　　　　　//选择线段 L2

输入点：　　　　　　　　　　　　//单击点 B

输入第二点或长度：　　　　　　　//单击圆 Q2，完成法线 L4 的绘制

结果如图 3-15 右图所示。

3.1.5 绘制等分线

"等分线"方式是按两条线之间的距离 n 等分绘制直线。

【练习3-6】： 打开素材文件"exb\第 3 章\3-6.exb"，如图 3-17 左图所示，使用"等分线"方式绘制图 3-17 中图、图 3-17 右图所示的图形。

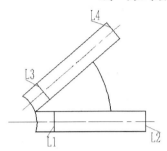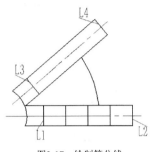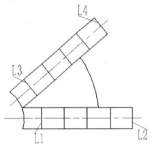

图3-17 绘制等分线

1. 执行直线命令，在界面左下角弹出绘制直线的立即菜单。
2. 在立即菜单【1】下拉列表中选择【等分线】选项，在【2.等分量】文本框中输入"4"，如图 3-18 所示。

| 1. 等分线 | ▾ | 2.等分量: 4 |

图3-18 等分线立即菜单

3. 此时命令行提示如下。

  拾取第一条直线： //选择图 3-17 左图中的线段 $L1$
  拾取另一条曲线： //选择线段 $L2$

  结果如图 3-17 中图所示。继续绘制等分线。

  拾取第一条直线： //选择图 3-17 中图中的线段 $L3$
  拾取另一条曲线： //选择线段 $L4$

  结果如图 3-17 右图所示。

3.1.6 绘制射线

射线是一条从一个端点向另一端无限延伸的直线。在尺寸未知时，使用"射线"方式可以快速绘制向一端无限延伸的线条。

【练习3-7】： 打开素材文件"exb\第 3 章\3-7.exb"，如图 3-19 左图所示，使用"射线"方式绘制图 3-19 右图所示的图形。

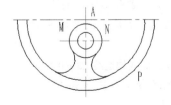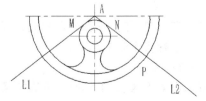

图3-19 绘制射线

1. 执行直线命令，在界面左下角弹出绘制直线的立即菜单。

2. 在立即菜单【1】下拉列表中选择【射线】选项，此时命令行提示如下。

        指定起点：   //单击图 3-19 左图中的点 A

        指定通过点：   //按空格键，在弹出的工具点菜单中选择【切点】命
                                            令，在圆上点 M 处单击，完成射线 L1 的绘制

        指定通过点：   //按空格键，在弹出的工具点菜单中选择【切点】命
                                            令，在圆上点 N 处单击，完成射线 L2 的绘制

结果如图 3-19 右图所示。

3.1.7 绘制构造线

构造线是一条由某点向两端无限延伸的直线。在尺寸未知时，使用"构造线"方式可以快速绘制向两端无限延伸的线条。

【练习3-8】：   打开素材文件"exb\第 3 章\3-8.exb"，如图 3-20 左图所示，使用"构造线"方式绘制图 3-20 右图所示的图形。

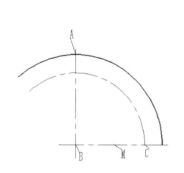 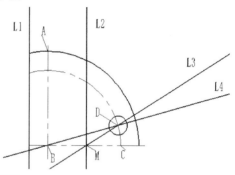

图3-20 绘制构造线

1. 执行直线命令，在界面左下角弹出绘制直线的立即菜单。
2. 在立即菜单【1】下拉列表中选择【构造线】选项，在【2】下拉列表中选择【偏移】选项，在【3.距离】文本框中输入偏移尺寸"10"，如图 3-21 所示。

      1.构造线   ▾ 2.偏移   ▾ 3.距离 10

图3-21 构造线立即菜单

3. 此时命令行提示如下。

        拾取直线：   //选择图 3-20 左图中的中心线 AB
        拾取所需的方向：   //在中心线 AB 的左侧单击，完成构造线 L1 的绘制

4. 在立即菜单【2】下拉列表中选择【垂直】选项，此时命令行提示如下。

        指定点：   //单击点 M，完成构造线 L2 的绘制

5. 在立即菜单【2】下拉列表中选择【角度】选项，在【3.角度】文本框中输入"32"，此时命令行提示如下。

        指定点：   //单击点 M，完成构造线 L3 的绘制

6. 在立即菜单【2】下拉列表中选择【两点】选项，此时命令行提示如下。

        指定点：   //单击点 B
        指定通过点：   //单击圆心 D，完成构造线 L4 的绘制

结果如图 3-20 右图所示。

3.1.8　上机练习——使用直线命令绘图

【练习3-9】：　输入点的坐标，绘制图 3-22 所示的五角星。

图3-22　绘制五角星

1.　执行直线命令，在立即菜单中分别选择【两点线】【连续】选项。
2.　此时命令行提示如下。

第一点：　　　　　　　　　　　　　//键盘输入 "0,0"，按 Enter 键
第二点：　　　　　　　　　　　　　//键盘输入 "@60,0"，按 Enter 键
第二点：　　　　　　　　　　　　　//键盘输入 "@60<-144"，按 Enter 键
第二点：　　　　　　　　　　　　　//键盘输入 "@60<72"，按 Enter 键
第二点：　　　　　　　　　　　　　//键盘输入 "@60<-72"，按 Enter 键
第二点：　　　　　　　　　　　　　//键盘输入 "0,0"，按 Enter 键

结果如图 3-22 所示。

【练习3-10】：　使用直线命令绘制图 3-23 所示的图形。

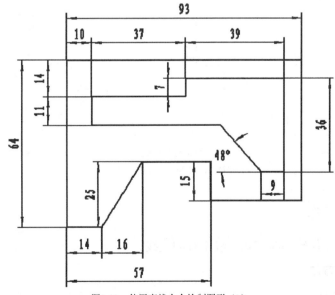

图3-23　使用直线命令绘制图形（1）

主要绘图过程如图 3-24 所示。

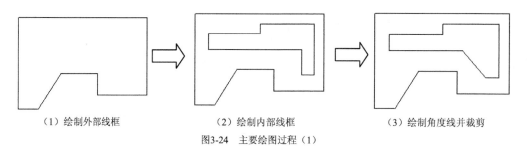

（1）绘制外部线框　　　　　　　（2）绘制内部线框　　　　　　（3）绘制角度线并裁剪

图3-24　主要绘图过程（1）

【练习3-11】：使用直线命令绘制图 3-25 所示的图形。

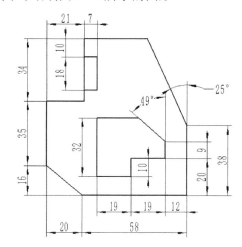

图3-25　使用直线命令绘制图形（2）

主要绘图过程如图 3-26 所示。

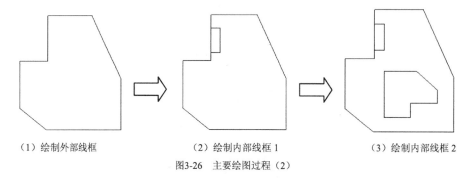

（1）绘制外部线框　　　　　　　（2）绘制内部线框 1　　　　　　（3）绘制内部线框 2

图3-26　主要绘图过程（2）

3.2　绘制平行线

本节主要讲解如何绘制与已知直线平行的直线。

1.　命令启动方法

- 命令行：LL。
- 菜单命令：【绘图】/【平行线】。
- 工具栏：【绘图工具】工具栏中的 ▱ 按钮。
- 选项卡：【常用】选项卡中【绘图】面板上的 ▱ 按钮。

2. 立即菜单说明

执行平行线命令，在界面左下角弹出绘制平行线的立即菜单，如图 3-27 所示，立即菜单【1】下拉列表中有两种绘制平行线的方式，即"偏移方式"和"两点方式"。

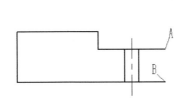

（1）偏移方式

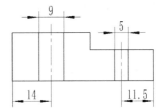

（2）两点方式

图3-27　平行线立即菜单

【练习3-12】：　打开素材文件"exb\第 3 章\3-12.exb"，如图 3-28 左图所示，使用平行线命令绘制图 3-28 右图所示的图形。

图3-28　绘制平行线

1. 使用"偏移方式"绘制平行线。
(1) 执行平行线命令，在界面左下角弹出绘制平行线的立即菜单。
(2) 在立即菜单【1】下拉列表中选择【偏移方式】选项，在【2】下拉列表中选择【单向】选项，此时命令行提示如下。

　　　拾取直线：　　　　　　　　　　　//选择图 3-28 左图中最左侧的垂直线
　　　输入距离或指定点(切点)：　　　　//输入偏移距离"14"，然后按 Enter 键
　　完成线段 L1 的绘制。
(3) 在立即菜单【2】下拉列表中选择【双向】选项，此时命令行提示如下。

　　　拾取直线：　　　　　　　　　　　//选择线段 L1
　　　输入距离或指定点(切点)：　　　　//输入偏移距离"4.5"，然后按 Enter 键
　　完成线段 L2、L3 的绘制。
2. 使用"两点方式"绘制平行线。
(1) 执行平行线命令，在界面左下角弹出绘制平行线的立即菜单。
(2) 在立即菜单【1】下拉列表中选择【两点方式】选项，在【2】下拉列表中选择【点方式】选项，在【3】下拉列表中选择【到点】选项，此时命令行提示如下。

　　　拾取直线：　　　　　　　　　　　//选择图 3-28 左图中最左侧的垂直线
　　　指定平行线起点：　　　　　　　　//单击点 A
　　　指定平行线终点或长度：　　　　　//单击点 B，然后按 Enter 键

　　完成线段 L4 的绘制，结果如图 3-29 左图所示。
(3) 修改线型，结果如图 3-29 右图所示。

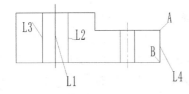

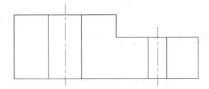

图3-29　绘制结果

3.3 绘制圆

圆有"圆心_半径""两点""三点""两点_半径"4 种绘制方式。

1. 命令启动方法

- 命令行：CIRCLE。
- 菜单命令：【绘图】/【圆】。
- 工具栏：【绘图工具】工具栏中的 按钮。
- 选项卡：【常用】选项卡中【绘图】面板上的 按钮。

2. 立即菜单说明

执行圆命令后，在界面左下角弹出绘制圆的立即菜单，在立即菜单【1】下拉列表中可以选择绘制圆的方式，如图 3-30 所示。

图3-30　绘制圆的立即菜单

3.3.1　使用不同方式绘制圆

【练习3-13】：　打开素材文件"exb\第 3 章\3-13.exb"，如图 3-31 左图所示，使用圆命令绘制图 3-31 右图所示的图形。

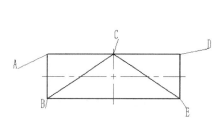
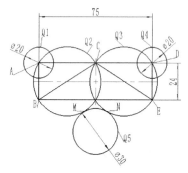

图3-31　绘制圆

1. 使用"圆心_半径"方式绘制圆。
(1) 执行圆命令，在界面左下角弹出绘制圆的立即菜单。
(2) 在立即菜单【1】下拉列表中选择【圆心_半径】选项，在【2】下拉列表中选择【半径】选项，其余选项设置如图 3-32 所示。

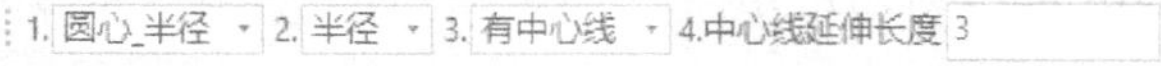

1.圆心_半径 ▾ 2.半径 ▾ 3.有中心线 ▾ 4.中心线延伸长度 3

图3-32　圆心_半径立即菜单

(3) 此时命令行提示如下。

圆心点：　　　　　　　　　　　　　　//单击图 3-31 左图中的点 A

输入半径或圆上一点：　　　　　　　　//输入半径"10"，按 Enter 键，完成圆 Q1
的绘制

(4) 重复执行圆命令，单击点 D，完成圆 $Q4$ 的绘制，结果如图 3-33 所示。

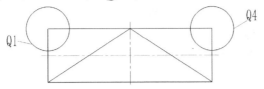

图3-33 使用"圆心_半径"方式绘制圆

2. 使用"两点"方式绘制圆。

(1) 在立即菜单【1】下拉列表中选择【两点】选项，其余选项设置如图 3-34 所示。

1. 两点 ▾ 2. 有中心线 ▾ 3.中心线延伸长度 3

图3-34 两点立即菜单

(2) 此时命令行提示如下。

  第一点：   //单击点 B

  第二点：   //单击点 C

结果如图 3-35 所示。

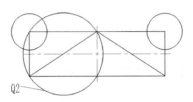

图3-35 使用"两点"方式绘制圆

3. 使用"三点"方式绘制圆。

(1) 在立即菜单【1】下拉列表中选择【三点】选项，其余选项设置如图 3-36 所示。

1. 三点 ▾ 2. 有中心线 ▾ 3.中心线延伸长度 3

图3-36 三点立即菜单

(2) 此时命令行提示如下。

  第一点：   //单击点 C

  第二点：   //单击点 E

  第三点：   //单击点 D

结果如图 3-37 所示。

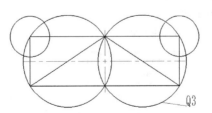

图3-37 使用"三点"方式绘制圆

4. 使用"两点_半径"方式绘制圆。

(1) 在立即菜单【1】下拉列表中选择【两点_半径】选项，在【2】下拉列表中选择【无中心线】选项，如图 3-38 所示。

1. 两点_半径 ▾ 2. 无中心线 ▾

图3-38 两点_半径立即菜单

(2) 此时命令行提示如下。

第一点： //按空格键，在弹出的工具点菜单中选择【切点】命令，在图 3-31 右图中点 M 处单击

第二点： //按空格键，在弹出的工具点菜单中选择【切点】命令，在圆 Q3 的点 N 处单击

第三点（半径）： //输入半径"15"，按 Enter 键

结果如图 3-39 右图所示。

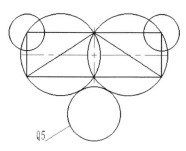

图3-39 使用"两点_半径"方式绘制圆

3.3.2 上机练习——使用圆命令绘图

【练习3-14】： 在三角形（见图 3-40 左图）上绘制圆，结果如图 3-40 右图所示。

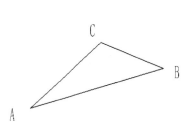

图3-40 在三角形上绘制圆

首先绘制一个三角形 ABC，然后按以下要求绘制圆。

(1) 以点 A 为圆心，绘制半径为 15 的圆 O。

(2) 过线段 BC 的两个端点绘制圆 P。

(3) 过点 A、B、C 绘制圆 M。

(4) 过点 A、C 绘制半径为 20 的圆 N。

【练习3-15】： 使用圆命令绘制图 3-41 所示的图形。

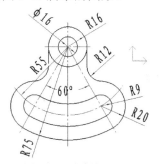

图3-41 圆命令练习（1）

1. 在【圆】命令状态下按空格键，在弹出的工具点菜单中选择【切点】【交点】等特征点。
2. 使用【裁剪】命令裁剪图形。
   主要绘图过程如图 3-42 所示。

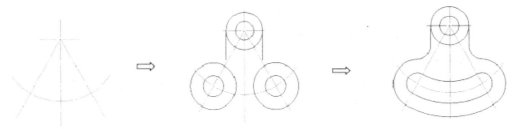

图3-42　主要绘图过程

【练习3-16】：　使用圆命令绘制图 3-43 所示的图形。

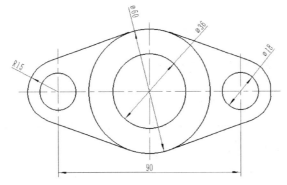

图3-43　圆命令练习（2）

【练习3-17】：　使用圆命令绘制图 3-44 所示的图形。

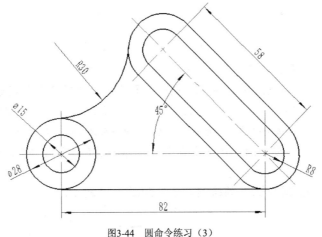

图3-44　圆命令练习（3）

3.4　绘制圆弧

圆弧有"三点圆弧""圆心_起点_圆心角""两点_半径""圆心_半径_起终角""起点_终

77

点_圆心角""起点_半径_起终角"6 种绘制方式。

1. **命令启动方法**

- 命令行：ARC。
- 菜单命令：【绘图】/【圆弧】。
- 工具栏：【绘图工具】工具栏中的 按钮。
- 选项卡：【常用】选项卡中【绘图】面板上的 按钮。

2. **立即菜单说明**

执行圆弧命令，界面左下角弹出绘制圆弧的立即菜单，在立即菜单【1】下拉列表中可以选择绘制圆弧的方式，如图 3-45 所示。

图3-45　绘制圆弧的立即菜单

3.4.1　使用"三点圆弧"方式绘制圆弧

使用"三点圆弧"方式绘制圆弧就是通过已知的三点来绘制圆弧。

【练习3-18】：　打开素材文件"exb\第 3 章\3-18.exb"，如图 3-46 左图所示，使用"三点圆弧"方式绘制图 3-46 右图所示的图形。

图3-46　使用"三点圆弧"方式绘制圆弧

1. 执行圆弧命令，在界面左下角弹出绘制圆弧的立即菜单。
2. 在立即菜单【1】下拉列表中选择【三点圆弧】选项，此时命令行提示如下。

  第一点：　//按空格键，在弹出的工具点菜单中选择【交点】命令，单击图 3-46 左图中的点 A

  第二点：　//按空格键，在弹出的工具点菜单中选择【切点】命令，单击直线 L1

  第三点：　//按空格键，在弹出的工具点菜单中选择【切点】命令，选择圆弧 P1

 完成圆弧 P2 的绘制。

3. 使用同样的方法完成圆弧 P3 的绘制，结果如图 3-47 所示。

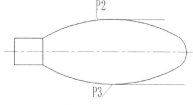

图3-47　绘制结果

4.　裁剪图形，最终结果如图 3-47 右图所示。

3.4.2　使用"圆心_半径_起终角"方式绘制圆弧

使用"圆心_半径_起终角"方式绘制圆弧就是通过已知的圆心、半径和起终角来绘制圆弧。

【练习3-19】：　打开素材文件"exb\第 3 章\3-19.exb"，如图 3-48 左图所示，使用"圆心_半径_起终角"方式绘制图 3-48 右图所示的图形。

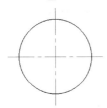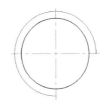

图3-48　使用"圆心_半径_起终角"方式绘制圆弧

1.　执行圆弧命令，在界面左下角弹出绘制圆弧的立即菜单。
2.　在立即菜单【1】下拉列表中选择【圆心_半径_起终角】选项，其余选项设置如图 3-49 所示。

　1.圆心_半径_起终角　·2.半径= 12　　3.起始角= 0　　4.终止角= 270

图3-49　圆心_半径_起终角立即菜单

3.　按空格键，在弹出的工具点菜单中选择【圆心】命令，单击圆心，结果如图 3-48 右图所示。

3.4.3　使用"两点_半径"方式绘制圆弧

使用"两点_半径"方式绘制圆弧就是通过已知的两点和半径绘制圆弧。

【练习3-20】：　打开素材文件"exb\第 3 章\3-20.exb"，如图 3-50 左图所示，使用"两点_半径"方式绘制图 3-50 右图所示的图形。

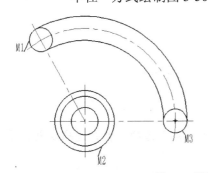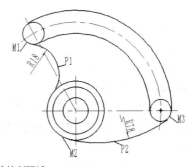

图3-50　使用"两点_半径"方式绘制圆弧

1.　执行圆弧命令，在界面左下角弹出绘制圆弧的立即菜单。
2.　在立即菜单【1】下拉列表中选择【两点_半径】选项，此时命令行提示如下。
　　第一点：　//按空格键，在弹出的工具点菜单中选择【切点】命令，单击圆 M1 左下方的点
　　第二点：　//按空格键，在弹出的工具点菜单中选择【切点】命令，单击圆 M2 左下方的点

第三点(半径)：   //输入半径"18"，按 Enter 键，完成圆弧 P1 的绘制

3. 使用同样的方法完成圆弧 P2 的绘制，结果如图 3-50 右图所示。

3.4.4 使用其他方式绘制圆弧

【练习3-21】： 打开素材文件"exb\第 3 章\3-21.exb"，如图 3-51 左图所示，使用圆弧命令绘制图 3-51 右图所示的图形。

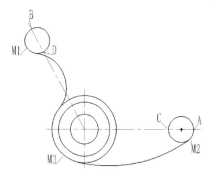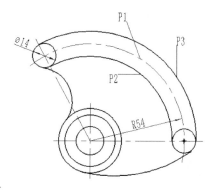

图3-51 绘制圆弧

1. 使用"圆心_起点_圆心角"方式绘制圆弧。
(1) 执行圆弧命令，在界面左下角弹出绘制圆弧的立即菜单。
(2) 在立即菜单【1】下拉列表中选择【圆心_起点_圆心角】选项。
(3) 此时命令行提示如下。

  圆心：   //单击图 3-51 左图中圆 M3 的圆心

  起点：   //单击圆 M2 的圆心

  圆心角或终点：   //输入圆心角"119"

完成圆弧 P1 的绘制。

2. 使用"起点_终点_圆心角"方式绘制圆弧。
(1) 在立即菜单【1】下拉列表中选择【起点_终点_圆心角】选项，在【2.圆心角】文本框中输入"119"。
(2) 此时命令行提示如下。

  起点：   //单击点 A

  终点：   //单击点 B

完成圆弧 P3 的绘制。

3. 使用"起点_半径_起终角"方式绘制圆弧。
(1) 在立即菜单【1】下拉列表中选择【起点_半径_起终角】选项，其余选项设置如图 3-52 所示。

> 1.起点_半径_起终角 ▼ 2.半径= 47 3.起始角= 0 4.终止角= 119

图3-52 起点_半径_起终角立菜单

(2) 单击圆 M2 的圆心，完成圆弧 P2 的绘制，结果如图 3-53 左图所示。
4. 修改线型，最终结果如图 3-53 右图所示。

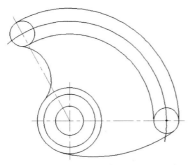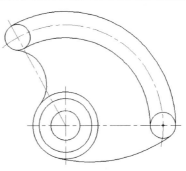

图3-53 绘制结果

3.4.5 上机练习——使用圆弧命令绘图

【练习3-22】: 使用圆弧命令绘制图 3-54 所示的图形。

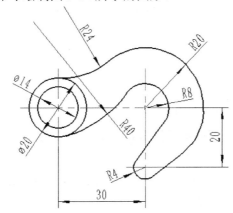

图3-54 圆弧命令练习（1）

【练习3-23】: 使用圆弧命令绘制图 3-55 所示的图形。

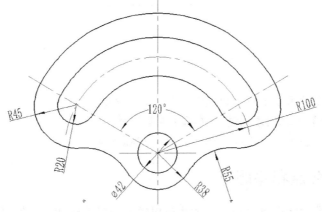

图3-55 圆弧命令练习（2）

【练习3-24】: 使用圆弧命令绘制图 3-56 所示的图形。

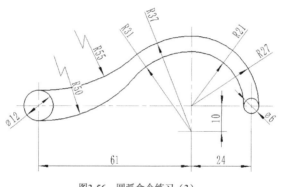

图3-56　圆弧命令练习（3）

3.5　创建点

利用 CAXA CAD 电子图板可以生成孤立点、等分点、等距点。点既可以作为点实体绘图输出，也可以用于绘图中的定位捕捉。

1. 命令启动方法

- 命令行：POINT。
- 菜单命令:【绘图】/【点】。
- 工具栏:【绘图工具】工具栏中的 · 按钮。
- 选项卡:【常用】选项卡中【绘图】面板上的 · 按钮。

2. 立即菜单说明

执行点命令，在界面左下角弹出创建点的立即菜单，在立即菜单【1】下拉列表中可以选择绘制点的方式，如图 3-57 所示。

图3-57　创建点的立即菜单

3.5.1　创建孤立点

创建孤立点的步骤如下。

1. 执行点命令，在界面左下角弹出绘制点的立即菜单。
2. 在立即菜单【1】下拉列表中选择【孤立点】选项。
3. 在绘图区通过单击或输入点坐标的方式来创建孤立点。

3.5.2　创建等分点和等距点

使用"等分点"方式和"等距点"方式可以等分一段曲线和一条线段。

【练习3-25】：打开素材文件"exb\第 3 章\3-25.exb"，如图 3-58 左图所示，使用"等分点"方式和"等距点"方式绘制图 3-58 右图所示的图形。

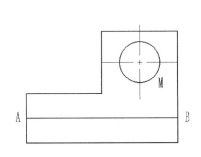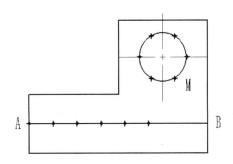

图3-58 绘制等分点

1. 创建等分点。
(1) 执行点命令，在界面左下角弹出创建点的立即菜单。
(2) 在立即菜单【1】下拉列表中选择【等分点】选项，在【2.等分数】文本框中输入"6"。
(3) 此时命令行提示"拾取曲线"，选择圆 *M*，生成圆的等分点。
2. 创建等距点。
(1) 在立即菜单【1】下拉列表中选择【等距点】选项，在【2】下拉列表中选择【指定弧长】选项，其余选项设置如图 3-59 所示。

1. 等距点 ▾ 2. 指定弧长 ▾ 3.弧长 10 4.等分数 3

图3-59 等距点立即菜单

(2) 此时命令行提示如下。

拾取曲线:	//选择图 3-58 左图中的线段 *AB*
拾取起始点:	//单击点 *A*
选取方向:	//在点 *A* 右侧单击

结果如图 3-58 右图所示。

要点提示 点的默认状态较小，在曲线上看不出来，用户可以修改一下点的样式，以便观察。

3.6 绘制椭圆

椭圆有"给定长短轴""轴上两点""中心点_起点"3 种绘制方式。

1. 命令启动方法
- 命令行：ELLIPSE。
- 菜单命令：【绘图】/【椭圆】。
- 工具栏：【绘图工具】工具栏中的 ⬭ 按钮。
- 选项卡：【常用】选项卡中【绘图】面板上的 ⬭ 按钮。

2. 立即菜单说明

执行椭圆命令，在界面左下角弹出绘制椭圆的立即菜单，在立即菜单【1】下拉列表中可以选择绘制椭圆的方式，如图 3-60 所示。

给定长短轴
给定长短轴
轴上两点
中心点_起点

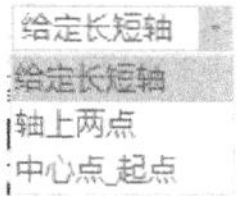

图3-60　绘制椭圆的立即菜单

【练习3-26】：打开素材文件“exb\第 3 章\3-26.exb”，如图 3-61 上图所示，使用椭圆命令绘制图 3-62 下图所示的图形。

A
B
C
D
E
F
椭圆1
椭圆2
椭圆3
椭圆4

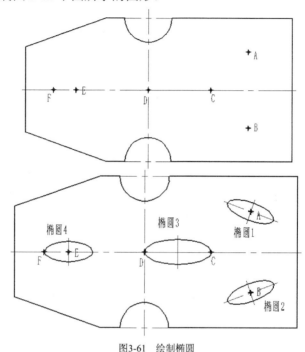

图3-61　绘制椭圆

1. 使用“给定长短轴”方式绘制椭圆。

(1) 执行椭圆命令，在界面左下角弹出绘制椭圆的立即菜单。

(2) 在立即菜单【1】下拉列表中选择【给定长短轴】选项，其余选项设置如图 3-62 所示。

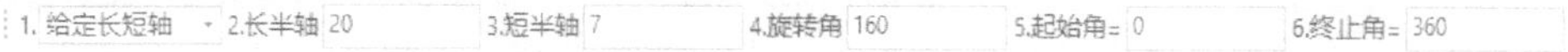

1. 给定长短轴
2.长半轴 20
3.短半轴 7
4.旋转角 160
5.起始角= 0
6.终止角= 360

图3-62　给定长短轴立即菜单（1）

(3) 此时命令行提示“基准点”，单击点 A，完成椭圆 1 的绘制。

(4) 使用相同的方法绘制椭圆 2，立即菜单设置如图 3-63 所示。

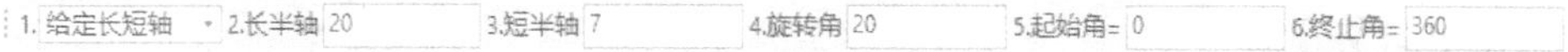

1. 给定长短轴
2.长半轴 20
3.短半轴 7
4.旋转角 20
5.起始角= 0
6.终止角= 360

图3-63　给定长短轴立即菜单（2）

2. 使用“轴上两点”方式绘制椭圆。

(1) 在立即菜单【1】下拉列表中选择【轴上两点】选项。

(2) 此时命令行提示如下。

轴上第一点：　　　　//单击点 C

轴上第二点：　　　　//单击点 D

另一半轴的长度：　　　　//输入另一半轴的长度“10”，按 Enter 键完成椭圆 3 的绘制。

3. 使用“中心点_起点”方式绘制椭圆。

(1) 在立即菜单的【1】下拉列表中选择【中心点_起点】选项。

(2) 此时命令行提示如下。

中心点:　　　　　　　　　　　　　　//单击点 E

起点:　　　　　　　　　　　　　　　//单击点 F

另一半轴的长度:　　　　　　　　　　//输入另一半轴的长度 "8", 按 Enter 键

完成椭圆 4 的绘制, 结果如图 3-61 下图所示。

3.7　绘制矩形

矩形有"两角点""长度和宽度"两种绘制方式。

1.　命令启动方法

- 命令行: RECT。
- 菜单命令:【绘图】/【矩形】。
- 工具栏:【绘图工具】工具栏中的 ▭ 按钮。
- 选项卡:【常用】选项卡中【绘图】功能区上的 ▭ 按钮。

2.　立即菜单说明

执行矩形命令, 在界面左下角弹出绘制矩形的立即菜单, 在立即菜单【1】下拉列表中可以选择绘制矩形的方式, 如图 3-64 所示。

图3-64　绘制矩形的立即菜单

3.7.1　使用"两角点"方式绘制矩形

【练习3-27】: 打开素材文件 "exb\第 3 章\3-27.exb", 如图 3-65 左图所示, 使用"两角点"方式绘制图 3-65 右图所示的图形。

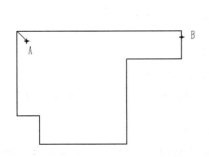 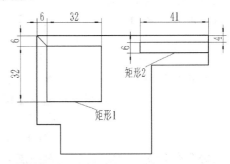

图3-65　使用"两角点"方式绘制矩形

1. 执行矩形命令, 在界面左下角弹出绘制矩形的立即菜单。

2. 在立即菜单【1】下拉列表中选择【两角点】选项, 此时命令行提示如下。

第一角点:　　　　　　　　　　　　//单击点 A

另一角点: @32,-32　　　　　　　　//输入另一角点的坐标, 按 Enter 键

完成矩形 1 的绘制。

3. 单击鼠标右键，重复执行矩形命令，命令行提示如下。

   第一角点：　　　　　　　　　　　　　　　　//单击点 *B*

   另一角点：@-41,-6　　　　　　　　　　　　//输入另一角点的坐标，按 Enter 键

   完成矩形 2 的绘制，结果如图 3-65 右图所示。

3.7.2 使用“长度和宽度”方式绘制矩形

【练习3-28】：打开素材文件“exb\第 3 章\3-28.exb”，如图 3-66 左图所示，使用“长度和宽度”方式绘制图 3-66 右图所示的图形。

A
C
B
23
10
矩形3
5
17
20
矩形1
50
矩形2

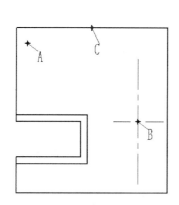

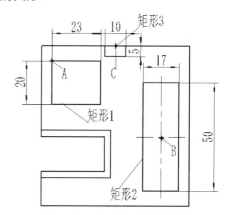

图3-66 使用“长度和宽度”方式绘制矩形

1. 执行矩形命令，在界面左下角弹出绘制矩形的立即菜单。
2. 在立即菜单【1】下拉列表中选择【长度和宽度】选项，在【2】下拉列表中选择【左上角点定位】选项，其余选项设置如图 3-67 所示。

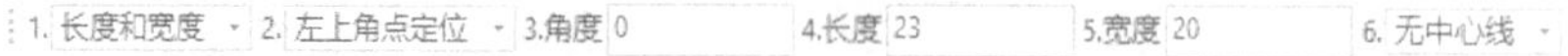

1. 长度和宽度
2. 左上角点定位
3.角度 0
4.长度 23
5.宽度 20
6. 无中心线

图3-67 选择【左上角点定位】选项

3. 此时命令行提示“定位点”，单击点 *A*，完成矩形 1 的绘制。
4. 在立即菜单【2】下拉列表中选择【中心定位】选项，其余选项设置如图 3-68 所示。

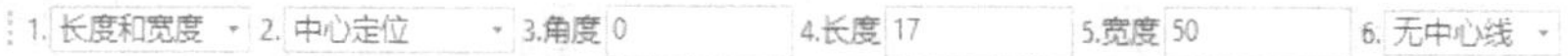

1. 长度和宽度
2. 中心定位
3.角度 0
4.长度 17
5.宽度 50
6. 无中心线

图3-68 选择【中心定位】选项

5. 此时命令行提示“定位点”，单击点 *B*，完成矩形 2 的绘制。
6. 在立即菜单【2】下拉列表中选择【顶边中点】选项，其余选项设置如图 3-69 所示。

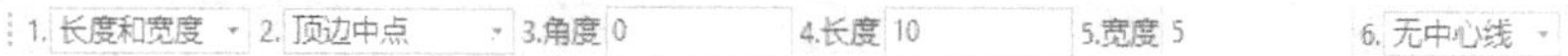

1. 长度和宽度
2. 顶边中点
3.角度 0
4.长度 10
5.宽度 5
6. 无中心线

图3-69 选择【顶边中点】选项

7. 此时命令行提示“定位点”，单击点 *C*，完成矩形 3 的绘制，结果如图 3-66 右图所示。

3.7.3 上机练习——使用矩形命令绘图

【练习3-29】：使用矩形命令绘制图 3-70 所示的图形。

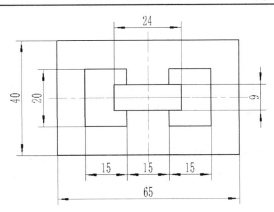

图3-70　矩形命令练习（1）

【练习3-30】：使用矩形命令绘制图 3-71 所示的图形。

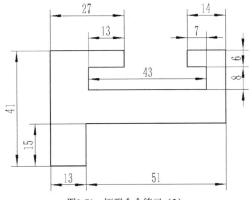

图3-71　矩形命令练习（2）

【练习3-31】：使用矩形命令绘制图 3-72 所示的图形。

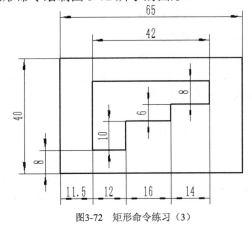

图3-72　矩形命令练习（3）

3.8　绘制正多边形

正多边形有"中心定位""底边定位"两种绘制方式。

1. **命令启动方法**

- 命令行：POLYGON。
- 菜单命令：【绘图】/【正多边形】。
- 工具栏：【绘图工具】工具栏中的按钮。
- 选项卡：【常用】选项卡中【绘图】面板上的按钮。

2. **立即菜单说明**

执行正多边形命令，在界面左下角弹出绘制正多边形的立即菜单，在立即菜单【1】下拉列表中可以选择绘制正多边形的方式，如图 3-73 所示。

1. 中心定位 2. 给定半径 3. 内接于圆 4.边数 5 5.旋转角 0 6. 无中心线
1. 底边定位 2.边数 6 3.旋转角 0 4. 无中心线

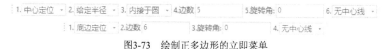

图3-73　绘制正多边形的立即菜单

3.8.1 使用“中心定位”方式绘制正多边形

使用“中心定位”方式绘制正多边形需要先确定正多边形的中心。

【练习3-32】：打开素材文件“exb\第 3 章\3-32.exb”，如图 3-74 左图所示，使用“中心定位”方式绘制图 3-74 右图所示的图形。

A
B
C
D
A
B
C
D
K1
K2
K3
K4
16
6
10

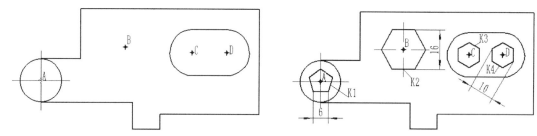

图3-74　绘制正多边形

1. 使用“中心定位、给定边长”方式绘制正多边形。

(1) 执行正多边形命令，在界面左下角弹出绘制正多边形的立即菜单。

(2) 在立即菜单【1】下拉列表中选择【中心定位】选项，在【2】下拉列表中选择【给定边长】选项，其余选项设置如图 3-75 所示。

1. 中心定位 2. 给定边长 3.边数 5 4.旋转角 0 5. 无中心线

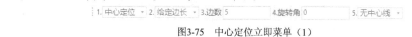

图3-75　中心定位立即菜单（1）

(3) 此时命令行提示如下。

```
中心点:                       //单击图 3-74 左图中的点 A
圆上点或边长: 6                //输入边长，按 Enter 键
```

完成正多边形 *K*1 的绘制。

2. 使用“中心定位、给定半径、外切于圆”方式绘制正多边形。

(1) 在立即菜单【1】下拉列表中选择【中心定位】选项，在【2】下拉列表中选择【给定半径】选项，在【3】下拉列表中选择【外切于圆】选项，其余选项设置如图 3-76 所示。

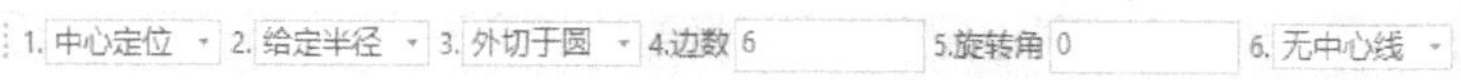

1. 中心定位 2. 给定半径 3. 外切于圆 4.边数 6 5.旋转角 0 6. 无中心线

图3-76　中心定位立即菜单（2）

(2)　此时命令行提示如下。

　　　　中心点：　　　　　　　　　　　　　　　　//单击点 *B*

　　　　圆上点或内切圆半径：8　　　　　　　　　//输入内切圆半径，按 Enter 键

　　完成正多边形 *K2* 的绘制。

3.　使用"中心定位、给定半径、内接于圆"方式绘制正多边形。

(1)　在立即菜单【1】下拉列表中选择【中心定位】选项，在【2】下拉列表中选择【给定半径】选项，在【3】下拉列表中选择【内接于圆】选项，其余选项设置如图 3-77 所示。

　　　　1.中心定位 ▾　2.给定半径 ▾　3.内接于圆 ▾　4.边数 6　　　5.旋转角 30　　　6.无中心线 ▾

图3-77　中心定位立即菜单（3）

(2)　此时命令行提示如下。

　　　　中心点：　　　　　　　　　　　　　　　　//单击点 *C*

　　　　圆上点或外接圆半径：5　　　　　　　　　//输入外接圆半径，按 Enter 键

　　完成正多边形 *K3* 的绘制。

(3)　使用同样的方法完成正多边形 *K4* 的绘制，结果如图 3-74 右图所示。

3.8.2　使用"底边定位"方式绘制正多边形

【练习3-33】：　打开素材文件"exb\第 3 章\3-33.exb"，如图 3-78 左图所示，使用"底边定位"方式绘制图 3-78 右图所示的图形。

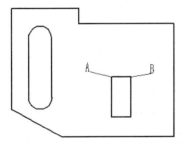 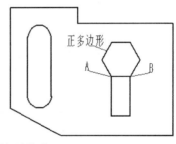

图3-78　使用"底边定位"方式绘制正多边形

1.　执行正多边形命令，在界面左下角弹出绘制正多边形的立即菜单。

2.　在立即菜单【1】下拉列表中选择【底边定位】选项，其余选项设置如图 3-79 所示。

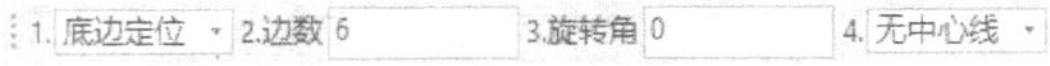

　　　　1.底边定位 ▾　2.边数 6　　3.旋转角 0　　4.无中心线 ▾

图3-79　底边定位立即菜单

3.　此时命令行提示如下。

　　　　第一点：　　　　　　　　　　　　　　　　//单击图 3-78 左图中的点 *A*

　　　　第二点或边长：　　　　　　　　　　　　　//单击点 *B*，按 Enter 键

　　结果如图 3-78 右图所示。

3.8.3　上机练习——使用正多边形命令绘图

【练习3-34】：　使用正多边形命令绘制图 3-80 所示的图形。

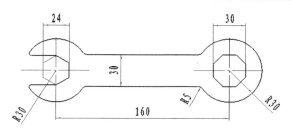

图3-80   正多边形命令练习（1）

【练习3-35】： 使用正多边形命令绘制图 3-81 所示的图形。

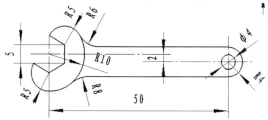

图3-81   正多边形命令练习（2）

【练习3-36】： 使用正多边形命令绘制图 3-82 所示的图形。

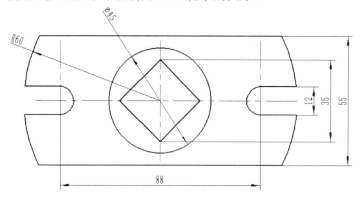

图3-82   正多边形命令练习（3）

【练习3-37】： 使用正多边形命令绘制图 3-83 所示的图形。

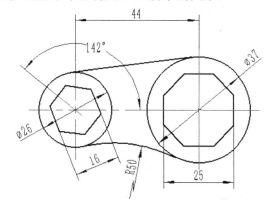

图3-83   正多边形命令练习（4）

3.9　综合练习

【练习3-38】：　绘制图 3-84 所示的平面图形。

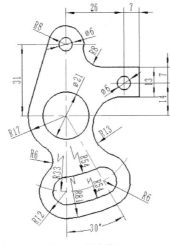

图3-84　综合练习

1. 使用直线、平行线、偏移等命令绘制图形元素的定位线 *A*、*B*、*C*、*D*、*E*，结果如图 3-85 所示。

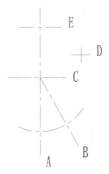

图3-85　绘制图形元素的定位线

2. 使用圆命令绘制图 3-86 所示的圆。

3. 使用直线命令绘制圆的切线 *F*，再使用"两点_半径"方式绘制过渡圆弧 *G*，结果如图 3-87 所示。

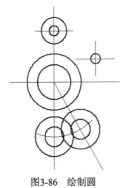

图3-86　绘制圆

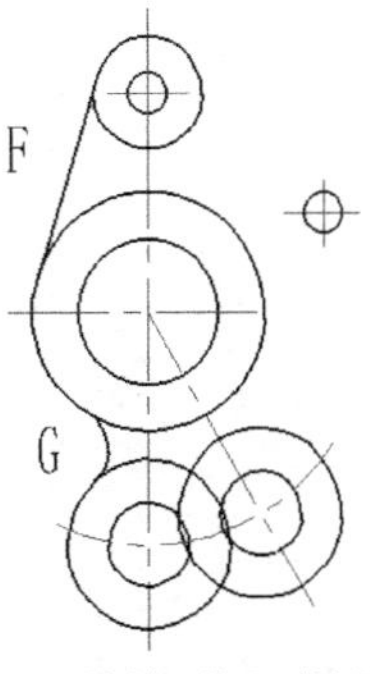

图3-87　绘制切线及过渡圆弧

4. 使用直线和偏移命令绘制平行线 *H*、*I* 及 *J*，结果如图 3-88 所示。

5. 使用圆和过渡命令绘制过渡圆弧 *K*、*L*、*M*、*N*，结果如图 3-89 所示。

6. 裁剪多余线段，将定位线的线型修改为中心线，结果如图 3-90 所示。

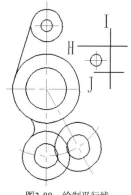
图3-88　绘制平行线

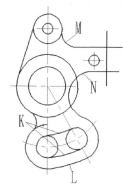
图3-89　绘制过渡圆弧

图3-90　裁剪线段并调整线型

3.10　习题

1. 综合运用所学命令绘制图 3-91 所示的图形。

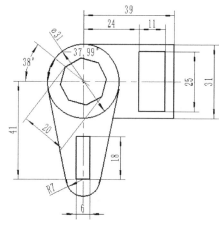
图3-91　习题 1

2. 综合运用所学命令绘制图 3-92 所示的图形。

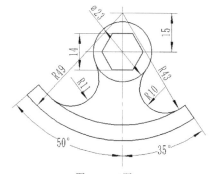
图3-92　习题 2

3.　综合运用所学命令绘制图 3-93 所示的图形。

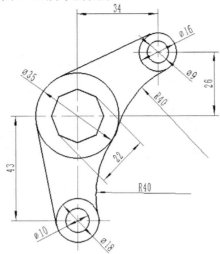

图3-93　习题 3

4.　综合运用所学命令绘制图 3-94 所示的图形。

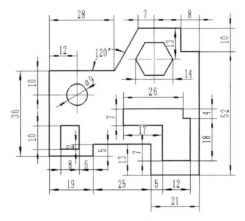

图3-94　习题 4

5.　综合运用所学命令绘制图 3-95 所示的图形。

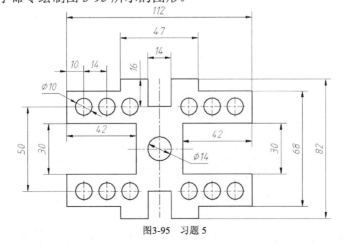

图3-95　习题 5

6. 综合运用所学命令绘制图 3-96 所示的图形。

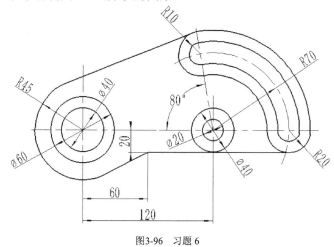

图3-96　习题6

第4章 绘制高级曲线

【学习目标】

- 熟悉绘制等距线、绘制剖面线、填充，以及标注文字的方法。
- 掌握绘制中心线、多段线、波浪线、双折线、箭头、齿形轮廓等的方法。
- 学会绘制样条、孔/轴、公式曲线、局部放大图等的方法。

CAXA CAD 电子图板提供了功能齐全的绘图方式，利用它们可以绘制各种复杂的工程图纸。本章主要介绍各种曲线的绘制方法。

4.1 绘制等距线

CAXA CAD 电子图板可以按等距方式生成一条或同时生成数条给定曲线的等距线。

1. 命令启动方法

- 命令行：offset。
- 菜单命令：【绘图】/【等距线】。
- 选项卡：【常用】选项卡中【修改】面板上的 ⬱ 按钮。

2. 立即菜单说明

执行等距线命令后，在界面左下角弹出绘制等距线的立即菜单，在立即菜单【1】下拉列表中可以选择绘制等距线的不同方式，如图 4-1 所示。

| 1. 单个拾取 ▾ | 2. 指定距离 ▾ | 3. 单向 ▾ | 4. 空心 | 5.距离 5 | 6.份数 1 | 7. 保留源对象 ▾ | 8. 使用源对象属性 ▾ |

图4-1 绘制等距线的立即菜单

4.1.1 使用"单个拾取"方式绘制等距线

【练习4-1】： 打开素材文件"exb\第 4 章\4-1.exb"，如图 4-2 左图所示，使用"单个拾取"方式分别绘制图 4-3 和图 4-4 所示的等距线。

图4-2 素材文件

图4-3 单向空心等距线

图4-4 单向实心等距线

1. 执行等距线命令，在界面左下角弹出绘制等距线的立即菜单。

2. 在立即菜单【1】下拉列表中选择【单个拾取】选项，在【2】下拉列表中选择【指定距离】选项，其余选项设置如图 4-5 所示。

> 1. 单个拾取 ▾ 2. 指定距离 ▾ 3. 单向 ▾ 空心 ▾ 5.距离 10 6.份数 1 7. 保留源对象 ▾ 8. 使用当前属性 ▾

图4-5 立即菜单设置

3. 此时命令行提示如下。

  拾取曲线：   //单击图 4-6 中的圆弧部分

  请拾取所需的方向：   //单击内侧箭头

结果如图 4-3 所示。

4. 在图 4-5 所示立即菜单【4】下拉列表中选择【实心】选项，绘制图 4-4 所示的单向实心等距线。

在图 4-5 所示立即菜单【3】下拉列表中选择【双向】选项，绘制图 4-7 所示的双向空心等距线。

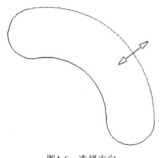

图4-6 选择方向

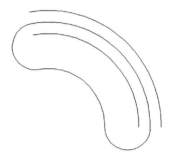

图4-7 双向空心等距线

4.1.2 使用"链拾取"方式绘制等距线

【练习4-2】： 打开素材文件"exb\第 4 章\4-2.exb"，如图 4-8 所示，使用"链拾取"方式分别绘制图 4-9 和图 4-10 所示的等距线。

图4-8 素材文件

图4-9 单向空心等距线

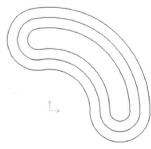

图4-10 双向空心等距线

1. 执行等距线命令，在界面左下角弹出绘制等距线的立即菜单。

2. 在立即菜单【1】下拉列表中选择【链拾取】选项，在【2】下拉列表中选择【指定距离】选项，其余选项设置如图 4-11 所示。

> 1. 链拾取 ▾ 2. 指定距离 ▾ 3. 单向 ▾ 4. 圆弧连接 ▾ 5. 空心 ▾ 6.距离 10 7.份数 1 8. 保留源对象 ▾

图4-11 立即菜单设置

3. 此时命令行提示如下。

  拾取曲线：   //单击图 4-12 中的圆弧部分

请拾取所需的方向：　　　　　　　　　　　　　　　　//单击内侧箭头

结果如图 4-9 所示。

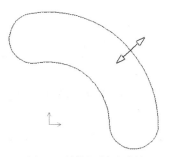

图4-12　链拾取后方向选择

4. 在图 4-11 所示立即菜单【3】下拉列表中选择【双向】选项，绘制图 4-10 所示的双向空心等距线。

4.1.3　上机练习——绘制矩形的等距线

【练习4-3】：　打开素材文件"exb\第 4 章\4-3.exb"，如图 4-13 所示。使用"链拾取"方式绘制梯形的单向空心等距线、双向实心等距线、双向空心等距线，结果分别如图 4-14 至图 4-16 所示。

图4-13　素材文件

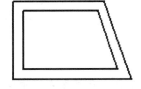

图4-14　单向空心等距线

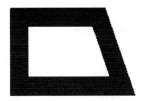

图4-15　双向实心等距线

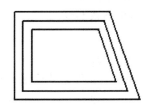

图4-16　双向空心等距线

1. 执行等距线命令，在界面左下角弹出绘制等距线的立即菜单。

2. 在立即菜单【1】下拉列表中选择【链拾取】选项，在【2】下拉列表中选择【指定距离】选项，其余选项设置如图 4-17 所示。

| 1. 链拾取　▾ | 2. 指定距离　▾ | 3. 单向　▾ | 4. 尖角连接　▾ | 5. 空心　▾ | 6.距离 5 | 7.份数 1 | 8. 保留源对象　▾ |

图4-17　立即菜单设置

3. 此时命令行提示如下。

拾取曲线：　　　　　　　　　　　　　　　　//单击图 4-18 中图形的任意一条线段

请拾取所需的方向：　　　　　　　　　　　//单击内侧箭头

结果如图 4-14 所示。

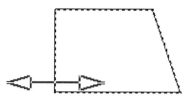

图4-18　链拾取后方向选择

4. 在图 4-17 所示立即菜单【5】下拉列表中选择【实心】选项，绘制图 4-15 所示的双向实心等距线。

5. 在图 4-17 所示立即菜单【3】下拉列表中选择【双向】选项，绘制图 4-16 所示的双向空心等距线。

要点提示　只有封闭的图形才能使用"链拾取"的方式绘制实心等距线；对于非封闭的图形，只能先生成空心等距线，然后用后面将要介绍的填充功能间接生成实心等距线。

【练习4-4】：　使用"链拾取"方式绘制平键轮廓，如图 4-19 所示。

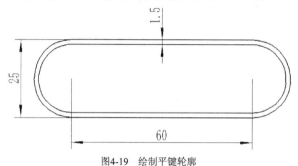

图4-19　绘制平键轮廓

1. 单击 按钮，在界面左下角弹出绘制直线的立即菜单，在其下拉列表中分别选择【两点线】【单根】选项。

2. 此时命令行提示如下。

  第一点：   //在绘图区单击

  第二点：@60,0   //输入相对坐标

3. 单击 按钮，立即菜单设置如图 4-20 所示。

1. 单个拾取　▾ 2. 指定距离　▾ 3. 单向　▾ 4. 空心　▾ 5.距离 25　　　 6.份数 1　　　 7. 保留源对象　▾ 8. 使用源对象属性　▾

图4-20　立即菜单设置（1）

4. 此时命令行提示如下。

  拾取曲线：   //选择步骤 2 绘制的线段

  请拾取所需的方向：   //单击等距线的一侧

结果如图 4-21 所示。

5. 执行圆弧命令，使用"两点_半径"方式绘制左侧圆弧，命令行提示如下。

  第一点：   //选择上面线段的左端点

  第二点：   //选择下面线段的左端点

  第三点(半径)：12.5   //输入半径，按 Enter 键

结果如图 4-22 所示。

图4-21　绘制等距线　　　　　　　　　　　　　　　图4-22　绘制左侧圆弧

6. 使用与步骤 5 相同的方法绘制右侧圆弧，结果如图 4-23 所示。

图4-23　绘制右侧圆弧

7. 单击 按钮，立即菜单设置如图 4-24 所示。

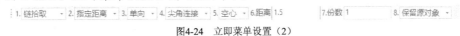

图4-24　立即菜单设置（2）

8. 选择图形，出现图 4-25 所示的箭头。
9. 单击内侧箭头，完成图形的绘制，结果如图 4-26 所示。

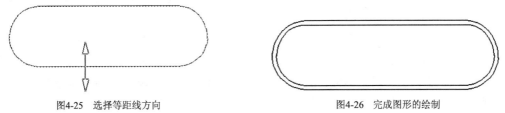

图4-25　选择等距线方向　　　　　　　　　　　图4-26　完成图形的绘制

4.2　绘制剖面线

绘制剖面线是指使用填充图案对封闭区域或选定对象进行填充，生成剖面线。

1.　命令启动方法

- 命令行：hatch。
- 菜单命令：【绘图】/【剖面线】。
- 选项卡：【常用】选项卡中【绘图】面板上的 按钮。

2.　立即菜单说明

执行剖面线命令，在界面左下角出现绘制剖面线的立即菜单，在立即菜单【1】下拉列表包含绘制剖面线的两种方式"拾取边界"和"拾取点"，如图 4-27 所示。

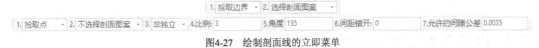

图4-27　绘制剖面线的立即菜单

4.2.1　以拾取环内点的方式绘制剖面线

以拾取环内点的方式绘制剖面线时，系统会根据拾取点搜索最小封闭环，再根据封闭环生成剖面线。搜索方向为从拾取点向左，如果拾取点在封闭环外，则操作无效。单击多个封闭环内的点，可以同时拾取多个封闭环，如果所拾取的环相互包容，则在两环之间生成剖面线。

【练习4-5】： 打开素材文件"exb\第 4 章\4-5.exb"，如图 4-28 所示，通过拾取环内点的
方式绘制剖面线，结果如图 4-29 至图 4-31 所示。

图4-28　素材文件

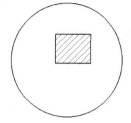

图4-29　绘制剖面线（1）

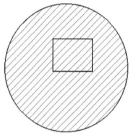

图4-30　绘制剖面线（2）

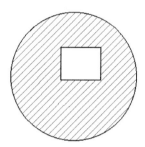

图4-31　绘制剖面线（3）

1. 执行剖面线命令，在界面左下角弹出绘制剖面线的立即菜单，立即菜单设置如图 4-32
   所示。

| 1. 拾取点 | ▼ | 2. 不选择剖面图案 ▼ | 3. 非独立 ▼ | 4. 比例：3 | 5. 角度 45 | 6. 间距错开：0 | 7. 允许的间隙公差 0.0035 |

图4-32　立即菜单设置

2. 此时命令行提示如下。

   拾取环内一点： 　　　　　　　　　　　　　　//单击矩形内一点

   成功拾取到环，拾取环内一点： 　　　　　　　//右击

   结果如图 4-29 所示。

3. 当命令行提示"拾取环内一点"时，单击在圆形内且在矩形外侧的任意一点，再右
   击，会生成图 4-30 所示的剖面线。

4. 当命令行提示"拾取环内一点"时，单击在圆形内且在矩形外侧的任意一点，再单击
   矩形内一点，最后右击，会生成图 4-31 所示的剖面线。

> **要点提示** 如果拾取环内点存在孤岛，请尽量将拾取点放置在封闭环左侧区域。

4.2.2　以拾取封闭环边界的方式绘制剖面线

以拾取封闭环边界的方式绘制剖面线时，系统会根据拾取到的曲线搜索封闭环，再根据
封闭环生成剖面线。如果拾取到的曲线不能生成相交的封闭环，则操作无效。

【练习4-6】： 打开素材文件"exb\第 4 章\4-6.exb"，如图 4-33 左图所示，通过拾取封闭
环边界的方式绘制图 4-33 右图所示的剖面线。

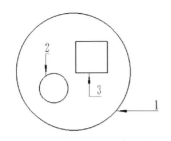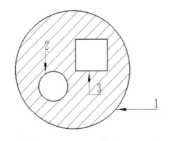

图4-33　绘制剖面线

1. 执行剖面线命令，在界面左下角弹出绘制剖面线的立即菜单。
2. 在立即菜单【1】下拉列表中选择【拾取边界】选项，在【2】下拉列表中选择【不选择剖面图案】选项，其余选项设置如图 4-34 所示。

> 1.拾取边界　▾ 2.不选择剖面图案 ▾ 3.比例: 3　　　4.角度 45　　　5.间距错开: 0

图4-34　立即菜单设置

3. 此时命令行提示如下。

> 拾取边界曲线：　　　　　　　　　　　　　　　　//选择图 4-33 左图中的边界 1
>
> 拾取边界曲线：　　　　　　　　　　　　　　　　//选择边界 2
>
> 拾取边界曲线：　　　　　　　　　　　　　　　　//选择边界 3，然后右击

结果如图 4-33 右图所示。

如果在命令行提示"拾取边界曲线"时，以窗口方式框选 4-33 左图所示的所有线条，然后右击，也可以生成图 4-33 右图所示的图形。

> **要点提示**　系统总是在由用户拾取点亮的所有线条（也就是边界）内部绘制剖面线，所以在拾取环内点或拾取边界以后，一定要仔细观察哪些线条被点亮了。通过调整被点亮的边界线，就可以调整剖面线的形成区域。

4.2.3　上机练习——绘制墙面并填充

【练习4-7】：　使用矩形命令绘制墙面轮廓，然后使用剖面线命令进行填充，结果如图 4-35 所示。

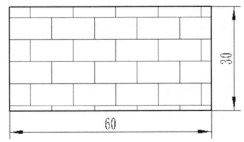

图4-35　绘制并填充墙面

1. 单击 ▢ 按钮，在界面左下角的立即菜单【1】下拉列表中选择【长度和宽度】选项，其余选项设置如图 4-36 所示。

> 1.长度和宽度 ▾ 2.中心定位　　　　▾ 3.角度 0　　　4.长度 60　　　5.宽度 30　　　　6. 无中心线 ▾

图4-36　立即菜单设置（1）

2. 在绘图区的适当位置单击，结果如图 4-37 所示。

图4-37　绘制矩形

3. 单击【常用】选项卡中【绘图】面板上的 ■ 按钮，立即菜单设置如图 4-38 所示。

> 1. 拾取边界　▾　2. 选择剖面图案　▾

图4-38　立即菜单设置（2）

4. 根据命令行提示，选择矩形轮廓，然后右击，弹出图 4-39 所示的【剖面图案】对话框。

5. 在左侧【图案列表】列表框中选择【砖】选项，然后单击 确定 按钮，结果如图 4-40 所示。

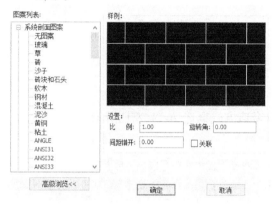

图4-39　【剖面图案】对话框

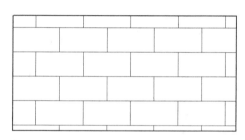

图4-40　填充图案

4.3　填充

填充是指将一块封闭区域用一种颜色填满。根据命令行提示拾取一块封闭区域内的一点，系统即以当前颜色填充整个区域。填充实际上是一种图形类型，其填充方式类似剖面线的填充，当某些制件剖面需要涂黑时可以使用此功能。

命令启动方法

- 命令行：solid。
- 菜单命令：【绘图】/【填充】。
- 选项卡：【常用】选项卡中【绘图】面板上的 ▫ 按钮。

操作步骤

1. 执行填充命令后，命令行提示"拾取环内一点"。
2. 单击需填充区域内的任意一点，然后右击即可。

【练习4-8】：　打开素材文件"exb\第 4 章\4-8.exb"，如图 4-41 左图所示，对底板上的 4个小圆进行填充处理，结果如图 4-41 右图所示。

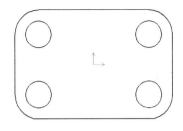

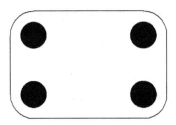

图4-41　绘制填充

1.　单击按钮，命令行提示如下。

拾取环内一点：　　　　　　　　　　　　　　　　//单击左上角的小圆内部

成功拾取到环，拾取环内一点：　　　　　　　　　//单击右上角的小圆内部

成功拾取到环，拾取环内一点：　　　　　　　　　//单击左下角的小圆内部

成功拾取到环，拾取环内一点：　　　　　　　　　//单击右下角的小圆内部

2.　右击确认，结果如图 4-41 右图所示。

4.4 标注文字

文字标注用于在图形中标注文字。文字可以是多行，可以水平书写或竖直书写，还可以根据指定的宽度进行自动换行。

1. 命令启动方法

- 命令行：text。
- 菜单命令：【绘图】/【文字】。
- 选项卡：【常用】选项卡中【标注】面板上的 A 文字 按钮。

2. 立即菜单说明

执行文字命令后，在界面左下角弹出标注文字的立即菜单，在立即菜单【1】下拉列表中可以选择标注文字的方式，如图 4-42 所示。

指定两点
搜索边界
曲线文字
递增文字
1. 指定两点

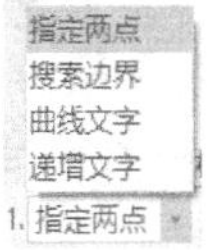

图4-42　标注文字的立即菜单

4.4.1 在指定两点的矩形区域内标注文字

【练习4-9】：　在指定两点的矩形区域内标注图 4-43 所示的文字。

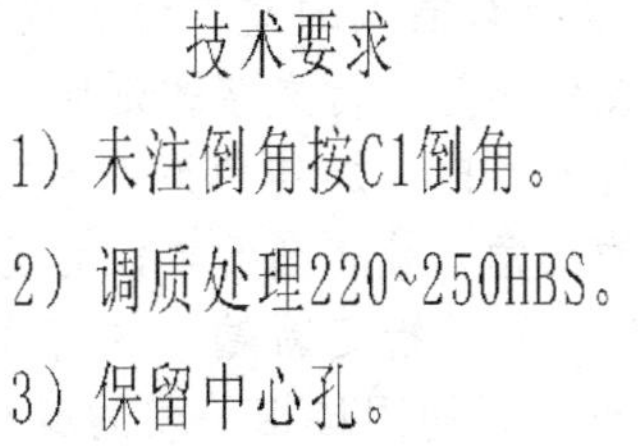

技术要求
1）未注倒角按C1倒角。
2）调质处理220~250HBS。
3）保留中心孔。

图4-43　标注文字

1. 执行文字命令，在界面左下角弹出标注文字的立即菜单。
2. 在立即菜单【1】下拉列表中选择【指定两点】选项，此时命令行提示如下。

    第一点：   //在绘图区的适当位置单击

    第二点：   //向右下方移动十字光标，在适当位置单击

系统弹出【文本编辑器-多行文字】面板，如图 4-44 所示。

图4-44 【文本编辑器-多行文字】面板

3. 输入文字内容，如图 4-45 所示。

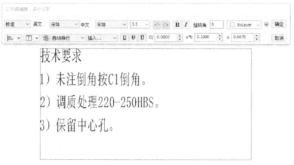

图4-45 输入文字内容

4. 单击 确定 按钮，结果如图 4-43 所示。

【文本编辑器-多行文字】面板下方的编辑框用于输入文字，面板中包含当前文字参数的设置，用户可以修改文字参数。面板中各主要选项的介绍如下。

- 【文本风格】下拉列表：可以选择【标准】或【机械】文本风格。
- 【英文字体】【中文字体】下拉列表：可以为新输入的文字指定字体或改变选定文字的字体。
- 【文字高度】下拉列表框：设置新文字的字符高度或修改选定文字的高度。
- **B**：单击此按钮，打开或关闭新输入文字或选定文字的粗体格式。它仅适用于 TrueType 字体的字符。
- *I*：单击此按钮，打开或关闭新输入文字或选定文字的斜体格式。
- 【旋转角】文本框：可以为新输入的文字设置旋转角度或改变选定文字的旋转角度。水平书写时，旋转角为一行文字的延伸方向与坐标系的 x 轴正半轴按逆时针测量的夹角；竖直书写时，旋转角为一列文字的延伸方向与坐标系的 y 轴负半轴按逆时针测量的夹角。旋转角的单位为度（°）。
- 【字符颜色】下拉列表：可以指定新输入文字的颜色或更改选定文字的颜色。可以为文字指定与被打开的图层相关联的颜色（ByLayer）或所在块的颜色（ByBlock），还可以从下拉列表中选择一种颜色，或者从下拉列表中选择

【其他】选项，打开【选择颜色】对话框，利用该对话框进行颜色设置。

- 【对齐方式】下拉列表：可以设置文字的对齐方式，包括左上对齐、中上对齐、右上对齐、左中对齐、居中对齐、右中对齐、左下对齐、中下对齐、右下对齐等。
- 【填充方式】下拉列表：包含【自动换行】【压缩文字】【手动换行】3 个选项。

  自动换行是指文字到达指定区域的右边界（水平书写时）或下边界（竖直书写时）时，自动以汉字、单词、数字或标点符号为单位换行，并可以避头尾字符，使文字不会超过边界（例外情况是当指定的区域很窄而输入的单词、数字或分数等很长时，为保证不将一个完整的单词、数字或分数等结构拆分到两行，生成的文字会超出边界）。

  压缩文字是指当指定的字型参数会导致文字超出指定区域时，系统自动修改文字的高度、中西文宽度系数和字符间距系数，以保证文字完全在指定的区域内。

  手动换行是指在输入标注文字时只要按 Enter 键，就能完成文字换行。
- 【特殊符号】下拉列表：可以插入各种特殊符号，包括直径符号、角度符号、正负号、偏差、上下标、分数、粗糙度及尺寸特殊符号等。
- U：单击此按钮，为新输入文字或选定文字添加下画线。
- U：单击此按钮，为新输入文字或选定文字添加中画线。
- U：单击此按钮，为新输入文字或选定文字添加上画线。
- 【字符倾斜角度】数值框：设置文字的倾斜角度，但是不能同时设置倾斜角度和倾斜风格。
- 【字符间距系数】数值框：设置选定字符之间的间距。默认数值"0.1000"表示设置常规间距，大于 0.1000 表示增大间距，小于 0.1000 表示减小间距。
- 【字符宽度系数】数值框：设置字符的宽度。默认数值"0.6670"表示设置代表此字体中字母的常规宽度，可以增大或减小该宽度。

4.4.2　以搜索边界的方式标注文字

【练习4-10】：打开素材文件"exb\第 4 章\4-10.exb"，如图 4-46 左图所示，在矩形内部以"搜索边界"的方式标注文字，结果如图 4-46 右图所示。

图4-46　标注文字

1. 执行文字命令，在界面左下角弹出标注文字的立即菜单。
2. 在立即菜单【1】下拉列表中选择【搜索边界】选项，在【2.边界缩进系数】文本框中输入"0.1"，如图 4-47 所示。

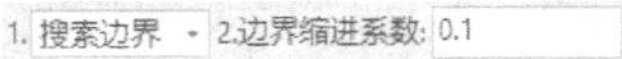

1. 搜索边界　▾　2.边界缩进系数: 0.1

图4-47　标注文字的立即菜单

3. 指定图 4-48 下图所示的左上角矩形边界内一点，弹出【文本编辑器-多行文字】面板，设置好字高、字体等参数，如图 4-48 上图所示。

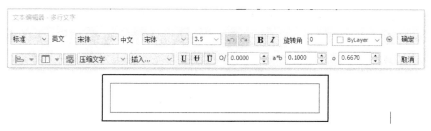

图4-48 【文本编辑器-多行文字】面板

4. 输入文字 "CAXA CAD 电子图板", 然后单击 确定 按钮, 结果如图 4-46 右图所示。

> **要点提示** 在已知的矩形内部标注文字时, 绘图区应该已有待填入文字的矩形, 这种方式一般用于填写文字表格。

　　如果填充方式是自动换行, 同时相对指定区域的大小来说文字比较多, 那么实际生成的文字可能会超出指定区域。例如, 对齐方式为左上对齐时, 文字可能超出指定区域的下边界。如果填充方式是压缩文字, 则在必要时系统会自动修改文字高度、字符宽度系数和字符间距系数, 以保证文字完全在指定区域内。

4.4.3 在曲线上标注文字

【练习4-11】: 在图 4-49 左图所示的曲线上标注图 4-49 右图所示的文字。

图4-49 在曲线上标注文字

1. 在绘图区中绘制一段圆弧, 结果如图 4-49 左图所示。
2. 执行曲线文字命令, 此时命令行提示如下。

拾取曲线:	//选择曲线
请拾取所需的方向:	//单击曲线外侧, 如图 4-50 所示
拾取起点:	//单击圆弧左侧端点
拾取终点:	//单击圆弧右侧端点

弹出【曲线文字参数】对话框, 在【文字内容】文本框中输入 "技术要求", 如图 4-51 所示, 然后单击 确定 按钮。结果如图 4-49 右图所示。

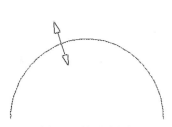

图4-50 选择文字方向

图4-51 【曲线文字参数】对话框

4.5　绘制特殊曲线

特殊曲线包含中心线、多段线、波浪线、双折线、箭头及齿形轮廓等。

4.5.1　绘制中心线

利用 CAXA CAD 电子图板可以绘制孔、轴、圆、圆弧的中心线。

1. **命令启动方法**

- 命令行：contour。
- 菜单命令：【绘图】/【中心线】。
- 选项卡：【常用】选项卡中【绘图】面板上的 按钮。

2. **立即菜单说明**

执行中心线命令后，在界面左下角弹出绘制中心线的立即菜单，如图 4-52 所示。

1. 指定延长线长度 ▾ 2. 快速生成 ▾ 3. 使用默认图层 ▾ 4.延伸长度 3

图4-52　绘制中心线的立即菜单

【练习4-12】：给图 4-53 左图所示的圆绘制中心线，结果如图 4-53 右图所示。

 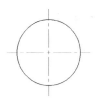

图4-53　绘制圆的中心线

1. 在绘图区的适当位置任意绘制一个圆。
2. 执行中心线命令，根据命令行提示选择圆，即可生成与当前坐标系方向一致的中心线，结果如图 4-53 右图所示。

4.5.2　绘制多段线

利用 CAXA CAD 电子图板可以绘制由线段和圆弧构成的首尾相接或不相接的一条多段线。

1. **命令启动方法**

- 命令行：contour。
- 菜单命令：【绘图】/【多段线】。
- 选项卡：【常用】选项卡中【绘图】面板上的 按钮。

2. **立即菜单说明**

执行多段线命令后，在界面左下角弹出绘制多段线的立即菜单，如图 4-54 所示。在绘制过程中"直接作图"和"读入数据"两种方式可交替进行，以生成由线段和圆弧构成的多段线。

1. 直接作图 ▾ 2. 圆弧 ▾ 3. 不封闭 ▾ 4.起始宽度 0　5.终止宽度 0

图4-54　绘制多段线的立即菜单

【练习4-13】： 绘制图 4-55 所示的多段线。

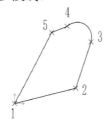

图4-55　绘制多段线

1. 执行多段线命令，在界面左下角弹出绘制多段线的立即菜单。在立即菜单【2】下拉列表中选择【直线】选项，在【3】下拉列表中选择【封闭】选项，其余选项设置如图 4-56 所示。

| 1.直接作图 · | 2.直线 · | 3.封闭 · | 4.起始宽度 0 | 5.终止宽度 0 |

图4-56　立即菜单设置（1）

2. 此时命令行提示如下。

第一点：　　　　　　　　　　　　　　//输入坐标"0,0"，按 Enter 键

下一点：　　　　　　　　　　　　　　//输入坐标"@20,5"，按 Enter 键

下一点：　　　　　　　　　　　　　　//输入坐标"@5,15"，按 Enter 键

3. 在立即菜单【2】下拉列表中选择【圆弧】选项，在【3】下拉列表中选择【不封闭】选项，如图 4-57 所示。

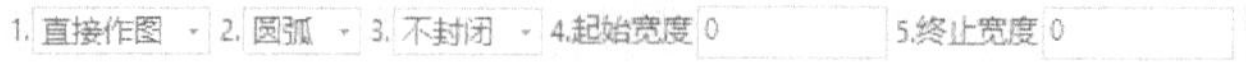

| 1.直接作图 · | 2.圆弧 · | 3.不封闭 · | 4.起始宽度 0 | 5.终止宽度 0 |

图4-57　立即菜单设置（2）

4. 根据命令行提示输入点的坐标"@‑8,5"，然后按 Enter 键。

5. 在立即菜单【2】下拉列表中选择【直线】选项，在【3】下拉列表中选择【封闭】选项，根据命令行提示输入点的坐标"@‑5,‑2"，然后右击，多段线将自动封闭，结果如图 4-55 所示。

当选择【直线】选项时，在立即菜单【3】下拉列表中可以选择多段线是否封闭。如果选择【封闭】选项，则多段线的最后一点可不输入，直接右击结束操作，系统将自动让最后一点与第一点重合，使多段线封闭（正交封闭轮廓的最后一条线段不保证正交）。

当选择【圆弧】选项时，相邻两圆弧为相切关系，在立即菜单【3】下拉列表中可以选择多段线是否封闭。如果选择【封闭】选项，则多段线的最后一点可不输入，直接右击结束操作，系统将自动让最后一点与第一点重合，使多段线封闭（封闭多段线的最后一段圆弧与第一段圆弧不保证相切）。

4.5.3　绘制波浪线

系统可以按给定方式生成波浪形状的曲线。波浪线常用于绘制剖面线的边界线，它一般使用细实线。

1.　命令启动方法

● 命令行: wave。

● 菜单命令: 【绘图】/【波浪线】。

- 选项卡:【常用】选项卡中【绘图】面板的【曲线】下拉菜单中的 ⌒⌒ 按钮。

2. 立即菜单说明

执行波浪线命令,在界面左下角弹出绘制波浪线的立即菜单。在立即菜单【1.波峰】文本框中可以输入波浪线的波峰高度(即波峰到平衡位置的垂直距离),在【2.波浪线段数】文本框中可以输入波浪线段数,如图 4-58 所示。

> 1.波峰 1　　　2.波浪线段数 3

图4-58　绘制波浪线的立即菜单

【练习4-14】: 打开素材文件"exb\第 4 章\4-14.exb",如图 4-59 左图所示,绘制波浪线,结果如图 4-59 右图所示。

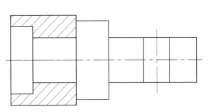
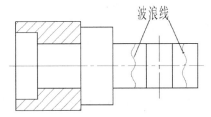

图4-59　绘制波浪线

1. 执行波浪线命令,在界面左下角弹出绘制波浪线的立即菜单。在立即菜单【1.波峰】文本框中输入"1",在【2.波浪线段数】文本框中输入"3"。
2. 此时命令行提示如下。

　　第一点:　　　　　　　　　　//在图 4-60 中的第一点单击
　　第二点:　　　　　　　　　　//在第二点单击
　　下一点:　　　　　　　　　　//右击确认,完成第 1 段波浪线的绘制

结果如图 4-61 所示。

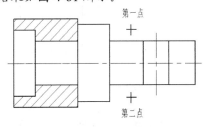
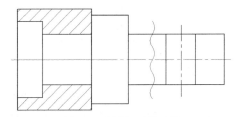

图4-60　波浪线两点位置　　　　　　　　图4-61　绘制第 1 段波浪线

3. 使用同样的方法完成第 2 段波浪线的绘制,结果如图 4-62 所示。
4. 在【常用】选项卡的【修改】面板上单击 ⊹ 按钮,在立即菜单【1】下拉列表中选择【快速裁剪】选项,根据命令行提示,依次单击轮廓线外的波浪线,结果如图 4-63 所示。

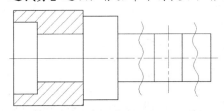
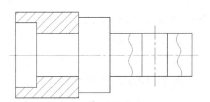

图4-62　绘制第 2 段波浪线　　　　　　　图4-63　裁剪完成

4.5.4 绘制双折线

由于图幅的限制，有些图形元素无法按比例画出，这时可以使用双折线来表示。用户可以通过两点绘制双折线，也可以直接拾取一条现有的直线将其改为双折线。

1. 命令启动方法

- 命令行：condup。
- 菜单命令：【绘图】/【双折线】。
- 选项卡：【常用】选项卡中【绘图】面板的【曲线】下拉菜单中的 ∿ 按钮。

2. 立即菜单说明

执行双折线命令，在界面左下角弹出绘制双折线的立即菜单，如图 4-64 所示。在立即菜单【1】下拉列表中可以选择【折点个数】或【折点距离】选项。

| 1. 折点个数 ▾ | 2.个数= 2 | 3.峰值 1.75 |

图4-64　绘制双折线的立即菜单

如果在立即菜单【1】下拉列表中选择【折点距离】选项，在【2.长度】文本框中输入长度值，在【3.峰值】文本框中输入峰值，则生成给定折点距离的双折线。如果在立即菜单【1】下拉列表中选择【折点个数】选项，在【2.个数】文本框中输入折点个数，则生成给定折点个数的双折线。

【练习4-15】：打开素材文件"exb\第 4 章\4-15.exb"，如图 4-65 左图所示，绘制双折线，结果如图 4-65 右图所示。

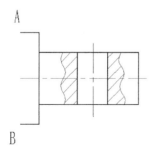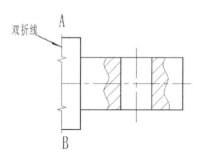

图4-65　绘制双折线

1. 执行双折线命令，在界面左下角弹出绘制双折线的立即菜单。在立即菜单【1】下拉列表中选择【折点个数】选项，在【2.个数】文本框中输入"2"，在【3.峰值】文本框中输入"1.75"，如图 4-66 所示。

| 1. 折点个数 ▾ | 2.个数= 2 | 3.峰值 1.75 |

图4-66　立即菜单设置

2. 此时命令行提示如下。

拾取直线或第一点：　　　　　　　　　　//单击图 4-65 左图中的点 A
第二点：　　　　　　　　　　　　　　//单击点 B

结果如图 4-65 右图所示。

> **要点提示** 根据图纸幅面的不同，双折线会有不同的延伸长度，A0、A1 的延伸长度为 1.75，其余图纸幅面的延伸长度为 1.25。

4.5.5 绘制箭头

1. **命令启动方法**
- 命令行: arrow。
- 菜单命令: 【绘图】/【箭头】。
- 选项卡: 【常用】选项卡中【绘图】面板上的 按钮。

2. **立即菜单说明**

执行箭头命令, 在界面左下角弹出绘制箭头的立即菜单, 如图 4-67 所示。在立即菜单【1】下拉列表中可以选择【正向】或【反向】选项, 在【2.箭头大小】文本框中可以输入箭头大小。

1. 正向 ▾ 2.箭头大小 4

图4-67 绘制箭头的立即菜单

如果先拾取箭头第一点, 再拾取第二点, 则可以绘制出带引线的实心箭头 (如果在立即菜单【1】下拉列表中选择了【正向】选项, 则箭头指向第一点, 否则指向第二点); 如果拾取了弧或直线, 则系统自动生成正向或反向的动态箭头, 移动箭头到需要的位置, 单击即可。

【练习4-16】: 打开素材文件 "exb\第 4 章\4-16.exb", 如图 4-68 左图所示, 绘制箭头, 结果如图 4-68 右图所示。

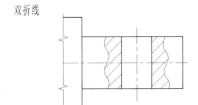
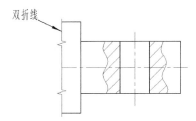

图4-68 绘制箭头

1. 执行箭头命令, 在界面左下角弹出绘制箭头的立即菜单。在立即菜单【1】下拉列表中选择【正向】选项, 在【2.箭头大小】文本框中输入 "4"。
2. 此时命令行提示如下。

　　　拾取直线、圆弧、样条或第一点: 　　　//在图 4-68 左图中靠近文字的位置单击
　　　箭头位置: 　　　//在双折线的合适位置单击

结果如图 4-68 右图所示。

> **要点提示**
> 为直线和圆弧添加箭头时, 箭头方向定义如下: 对于直线, 以坐标系的 x 轴、y 轴的正方向为箭头的正方向, 以 x 轴、y 轴的负方向为箭头的反方向; 对于圆弧, 以逆时针方向为箭头的正方向, 以顺时针方向为箭头的反方向。

4.5.6 绘制齿形轮廓

利用齿形功能可按给定的参数生成齿形轮廓。

命令启动方法
- 命令行: gear。

- 菜单命令：【绘图】/【齿形】。
- 选项卡：【常用】选项卡中【绘图】面板上的 按钮。

【练习4-17】：绘制一个齿数为24、模数为2的齿轮，结果如图4-69所示。

图4-69　绘制齿轮

1. 执行齿形命令，弹出【渐开线齿轮齿形参数】对话框，设置齿轮的参数，如图4-70所示。

图4-70　【渐开线齿轮齿形参数】对话框

2. 单击 下一页(N) > 按钮，弹出【渐开线齿轮齿形预显】对话框，设置齿轮的参数，如图4-71所示。

图4-71　【渐开线齿轮齿形预显】对话框

3. 单击 ［完成］ 按钮，此时命令行提示 "齿轮定位点"，输入齿轮的中心点坐标
　 "0,0"，按 Enter 键即可将齿轮中心固定在坐标系原点上，结果如图 4-69 所示。
4. 保存文件，后续练习会用到。

在【渐开线齿轮齿形参数】对话框中，用户可以设置齿轮的齿数、模数、压力角及变位
系数等，还可以通过齿轮的齿顶高系数和齿顶隙系数来改变齿轮的齿顶圆半径和齿根圆半
径，或者可以直接指定齿轮的齿顶圆直径和齿根圆直径。

在【渐开线齿轮齿形预显】对话框中，用户可以设置齿形的齿顶过渡圆角半径和齿根过
渡圆角半径及齿形的精度，并可确定要生成的有效齿数和起始齿相对于齿轮圆心的有效齿起
始角，确定完参数后可单击 ［预显[P]］ 按钮观察生成的齿形（如果要修改前面的参数，单击
［< 上一步(B)］ 按钮可返回前一对话框）。

4.6 绘制样条

样条是指通过一组给定点的平滑曲线，样条的绘制方法就是指定一系列点，计算机根据
这些给定点按照插值方式生成一条平滑曲线。

1. **命令启动方法**
- 命令行：spline。
- 菜单命令：【绘图】/【样条】。
- 选项卡：【常用】选项卡中【绘图】面板上的 按钮。

2. **立即菜单说明**

执行样条命令后，在界面左下角弹出绘制样条的立即菜单，在立即菜单【1】下拉列表中
可以选择绘制样条的方式，如图 4-72 所示。

> 1.直接作图 ▾ 2.缺省切矢 3.开曲线 4.拟合公差 0

图4-72　绘制样条的立即菜单

4.6.1 通过屏幕点直接绘制样条

【练习4-18】： 使用 "直接作图" 方式绘制图 4-73 所示的样条。

图4-73　绘制样条

1. 执行样条命令，在界面左下角弹出绘制样条的立即菜单，在立即菜单【1】下拉列表中
　 选择【直接作图】选项，在【2】下拉列表中选择【缺省切矢】选项，其余选项设置如
　 图 4-74 所示。

> 1.直接作图 ▾ 2.缺省切矢 3.闭曲线 4.拟合公差 0

图4-74　立即菜单设置

2. 在绘图区的合适位置单击，命令行提示如下。

　　　　输入点：　　　　　　　　　　　　　　　　　　//输入坐标 "@15,5"

输入点：	//输入坐标 "@10,-10"
输入点：	//输入坐标 "@-5,20"

3. 右击确认，结果如图 4-73 所示。

在立即菜单【2】下拉列表中可以选择【缺省切矢】或【给定切矢】选项，如果选择了【缺省切矢】选项，那么系统将根据数据点的性质自动确定端点切矢（一般采用从端点起的 3 个插值点构成的抛物线端点的切线方向）；如果选择了【给定切矢】选项，那么右击结束输入插值点后输入一点，该点与端点形成的矢量作为给定的端点切矢。

4.6.2 圆弧拟合样条

圆弧拟合样条是用多段圆弧拟合已有样条曲线的功能。

1. 命令启动方法

- 命令行：nhs。
- 菜单命令：【绘图】/【圆弧拟合样条】。
- 选项卡：【常用】选项卡中【绘图】面板的【曲线】下拉菜单中的按钮。

2. 立即菜单说明

执行圆弧拟合样条命令后，在界面左下角弹出绘制圆弧拟合样条的立即菜单，如图 4-75 所示。

> 1. 直接作图 ▼ 2. 缺省切矢 ▼ 3. 闭曲线 ▼ 4.拟合公差 0

图4-75 绘制圆弧拟合样条的立即菜单

【练习4-19】： 打开素材文件 "exb\第 4 章\4-19.exb"，如图 4-76 左图所示，绘制圆弧拟合样条，结果的局部放大图如图 4-76 右图所示。

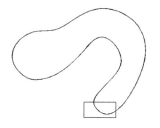
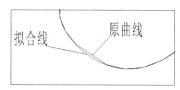

图4-76 绘制圆弧拟合样条曲线

1. 执行圆弧拟合样条命令，在界面左下角弹出圆弧拟合样条的立即菜单，在立即菜单【1】下拉列表中选择【光滑连续】选项，在【2】下拉列表中选择【保留原曲线】选项，其余选项设置如图 4-77 所示。

> 1. 光滑连续 ▼ 2. 保留原曲线 ▼ 3.拟合误差 0.05 4.最大拟合半径 9999

图4-77 立即菜单设置

2. 根据系统提示，拾取图 4-76 左图中的样条，拟合完成，结果如图 4-76 右图所示。

> **要点提示** 圆弧拟合样条功能是一种用于线切割加工图形的工具。它可以将样条曲线转换成圆弧和直线，以便线切割机进行加工。该功能可以使图形更光滑，生成的加工代码更简单。

4.7 绘制孔/轴

利用 CAXA CAD 电子图板可以在给定位置绘制带有中心线的孔或轴，也可以绘制带有中心线的圆锥孔或圆锥轴。

1. 命令启动方法

- 命令行：hole。
- 菜单命令：【绘图】/【孔/轴】。
- 选项卡：【常用】选项卡中【绘图】面板上的按钮。

2. 立即菜单说明

执行孔/轴命令，在界面左下角弹出绘制孔/轴的立即菜单，如图 4-78 所示。在立即菜单【1】下拉列表中可以选择【孔】或【轴】选项，在【2】下拉列表中可以选择【直接给出角度】或【两点确定角度】选项。

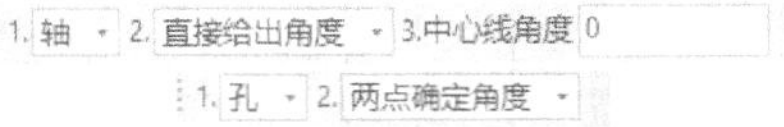

图4-78 绘制孔/轴的立即菜单

4.7.1 绘制孔

利用孔/轴命令可以绘制圆柱孔、圆锥孔、阶梯孔等，孔的中心线可以水平、竖直，也可以倾斜。

【练习4-20】：打开素材文件"exb\第 4 章\4-20.exb"，如图 4-79 左图所示，绘制孔，结果如图 4-79 右图所示。

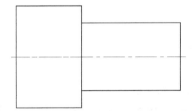
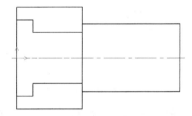

图4-79 绘制孔

1. 执行孔/轴命令，在界面左下角弹出绘制孔/轴的立即菜单，在立即菜单【1】下拉列表中选择【孔】选项，在【2】下拉列表中选择【直接给出角度】选项，其余选项设置如图 4-80 所示。

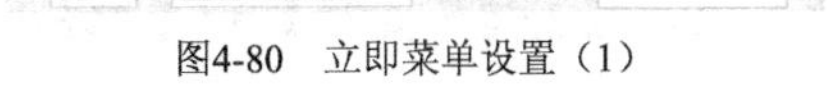

图4-80 立即菜单设置（1）

2. 根据命令行提示，单击图 4-79 左图中的左端面中心，然后向右移动十字光标，一个直径为默认值的动态轴将出现在绘图区。

3. 在立即菜单【2.起始直径】和【3.终止直径】文本框中均输入孔的直径"45"，其余选项设置如图 4-81 所示。

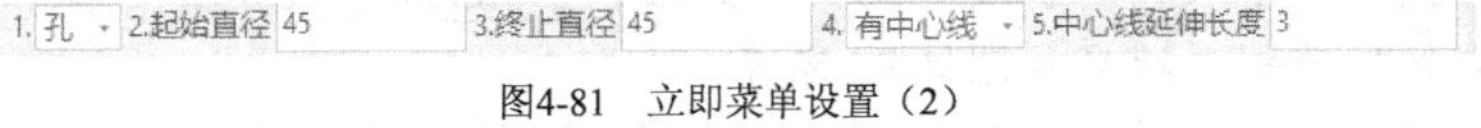

图4-81 立即菜单设置（2）

4. 根据命令行提示，输入第 1 段孔的长度"10"，然后按 Enter 键。

5. 在立即菜单【2.起始直径】和【3.终止直径】文本框中均输入孔的直径"30"，继续向右移动十字光标。

6. 根据命令行提示，输入第 2 段孔的长度"30"，然后按 Enter 键，结果如图 4-79 右图所示。

4.7.2 绘制轴

利用孔/轴命令还可以绘制圆柱轴、圆锥轴、阶梯轴等，轴的中心线可以水平、竖直，也可以倾斜。

【练习4-21】：绘制图 4-82 所示的轴。

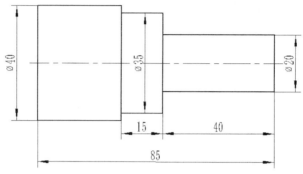

图4-82 绘制轴

1. 执行孔/轴命令，在界面左下角弹出绘制孔/轴的立即菜单，在立即菜单【1】下拉列表中选择【轴】选项，在【2】下拉列表中选择【直接给出角度】选项，其余选项设置如图 4-83 所示。

1.轴 ▾ 2.直接给出角度 ▾ 3.中心线角度 0

图4-83 立即菜单设置（1）

2. 按照系统提示，在绘图区的适当位置单击，确定输入轴的插入点。

3. 向右移动十字光标，一个直径为默认值的动态轴将出现在绘图区。

4. 在立即菜单【2.起始直径】和【3.终止直径】文本框中均输入轴的直径"40"，其余选项设置如图 4-84 所示。

1.轴 ▾ 2.起始直径 40   3.终止直径 40   4. 有中心线 ▾ 5.中心线延伸长度 3

图4-84 立即菜单设置（2）

5. 根据命令行提示，输入轴的长度"30"，然后按 Enter 键，完成第 1 段轴的绘制。

6. 向右移动十字光标，在立即菜单【2.起始直径】和【3.终止直径】文本框中均输入轴的直径"35"。

7. 根据命令行提示，输入轴的长度"15"，然后按 Enter 键，完成第 2 段轴的绘制。

8. 向右移动十字光标，在立即菜单【2.起始直径】和【3.终止直径】文本框中均输入"20"。

9. 根据命令行提示，输入轴的长度"40"，然后按 Enter 键，完成第 3 段轴绘制。

10. 右击，完成轴的绘制，结果如图 4-85 所示。

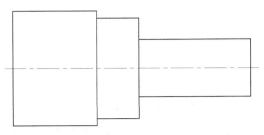

图4-85　完成轴的绘制

4.7.3　上机练习——绘制阶梯孔

【练习4-22】：绘制图 4-86 所示的阶梯孔。

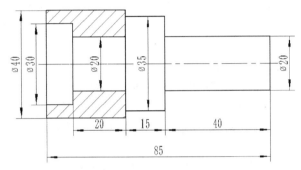

图4-86　绘制阶梯孔

1. 执行孔/轴命令，在界面左下角弹出绘制孔/轴的立即菜单，在立即菜单【1】下拉列表中选择【轴】选项，在【2】下拉列表中选择【直接给出角度】选项，其余选项设置如图 4-87 所示。

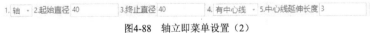

图4-87　轴立即菜单设置（1）

2. 根据命令行提示，在绘图区的适当位置单击，确定输入轴的插入点。

3. 向右移动十字光标，一个直径为默认值的动态轴将出现在绘图区。

4. 在立即菜单【2.起始直径】和【3.终止直径】文本框中均输入"40"，其余选项设置如图 4-88 所示。

1.轴 ▼	2.起始直径 40	3.终止直径 40	4. 有中心线 ▼	5.中心线延伸长度 3

图4-88　轴立即菜单设置（2）

5. 根据命令行提示，输入轴的长度"30"，然后按 Enter 键，完成第 1 段轴的绘制。

6. 向右移动十字光标，在立即菜单【2.起始直径】和【3.终止直径】文本框中均输入"35"。

7. 根据命令行提示，输入轴的长度"15"，然后按 Enter 键，完成第 2 段轴的绘制。

8. 向右移动十字光标，在立即菜单【2.起始直径】和【3.终止直径】文本框中均输入"20"。

9. 根据命令行提示，输入轴的长度"40"，然后按 Enter 键，完成第 3 段轴的绘制。

10. 右击，完成轴的绘制，结果如图 4-89 所示。

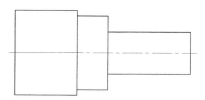

图4-89 绘制轴

11. 执行孔/轴命令，在界面左下角弹出绘制孔/轴的立即菜单，在立即菜单【1】下拉列表中选择【孔】选项，其余选项设置如图 4-90 所示。

> 1.孔 ▾ 2.直接给出角度 ▾ 3.中心线角度 0

图4-90 孔立即菜单设置（1）

12. 根据命令行提示，单击轴的右端面中心，作为孔的插入点。

13. 向右移动十字光标，一个直径为默认值的动态孔将出现在绘图区。

14. 在立即菜单【2.起始直径】和【3.终止直径】文本框中均输入"30"，其余选项设置如图 4-91 所示。

> 1.孔 ▾ 2.起始直径 30 3.终止直径 30 4. 有中心线 ▾ 5.中心线延伸长度 3

图4-91 孔立即菜单设置（2）

15. 根据命令行提示，输入孔的长度"10"，然后按 Enter 键，完成第 1 段孔的绘制。

16. 向右移动十字光标，在立即菜单【2.起始直径】和【3.终止直径】文本框中均输入"20"。

17. 根据命令行提示，输入孔的长度"20"，然后按 Enter 键。

18. 右击，完成孔的绘制，结果如图 4-92 所示。

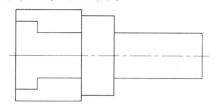

图4-92 绘制孔

19. 执行直线命令，连接孔的阶梯处，把孔补充完整，结果如图 4-93 所示。

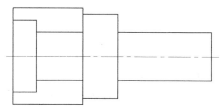

图4-93 绘制线段

20. 执行剖面线命令，剖面线的立即菜单设置如图 4-94 所示。

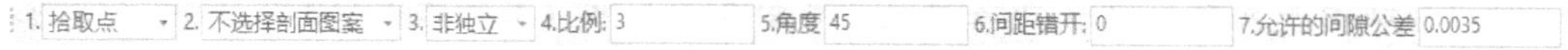

> 1.拾取点 ▾ 2.不选择剖面图案 ▾ 3.非独立 ▾ 4.比例 3 5.角度 45 6.间距错开 0 7.允许的间隙公差 0.0035

图4-94 剖面线立即菜单设置

21. 根据命令行提示，单击要绘制剖面线的封闭环内的点，然后右击确认，结果如图 4-95 所示。

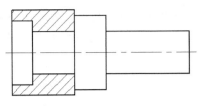

图4-95　绘制剖面线

4.8　绘制公式曲线

利用 CAXA CAD 电子图板可以绘制数学表达式的曲线图形，也就是根据数学公式（或参数表达式）绘制出相应的数学曲线，公式的形式既可以是直角坐标形式，也可以是极坐标形式。

命令启动方法

- 命令行：fomul。
- 菜单命令：【绘图】/【公式曲线】。
- 选项卡：【常用】选项卡中【绘图】面板上的 按钮。

【练习4-23】：绘制 $X(t)=50*\cos(t)*(1+\cos(t))$、$Y(t)=50*\sin(t)*(1+\cos(t))$ 的公式曲线。

1. 执行公式曲线命令，弹出【公式曲线】对话框，在该对话框中进行以下设置，如图 4-96 所示。
 (1) 在【坐标系】分组框中选择【直角坐标系】单选项。
 (2) 在【单位】分组框中选择【角度】单选项。
 (3) 在【参变量】文本框中输入"t"，在【起始值】文本框中输入"0"，在【终止值】文本框中输入"360"。
 (4) 在【公式名】文本框中输入"心形线"（可以默认为"无名曲线"，也可以输入曲线的名称）。
 (5) 在【X(t)＝】文本框中输入"50*cos(t)*(1+cos(t))"。
 (6) 在【Y(t)＝】文本框中输入"50*sin(t)*(1+cos(t))"。

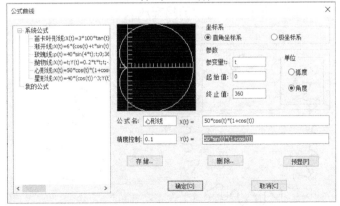

图4-96　【公式曲线】对话框

2. 单击 预显[P] 按钮，在预览图形框中观察一下曲线是否合乎要求，如果合适，则单击 确定[O] 按钮。

3. 公式曲线出现在绘图区，命令行提示"曲线定位点"，输入"0,0"并按 Enter 键，即可将该曲线的起始点定位在坐标系原点，结果如图 4-97 所示。

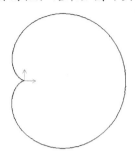

图4-97　公式曲线绘制结果

4.9　绘制局部放大图

局部放大图功能可按照给定参数生成对局部图形进行放大的视图。

1. **命令启动方法**
- 命令行：enlarge。
- 菜单命令：【绘图】/【局部放大图】。
- 选项卡：【常用】选项卡中【绘图】面板上的 按钮。

2. **立即菜单说明**

执行局部放大图命令，在界面左下角弹出绘制局部放大图的立即菜单，在立即菜单【1】下拉列表中可以选择绘制局部放大图的方式，如图 4-98 所示。

图4-98　绘制局部放大图的立即菜单

4.9.1　使用"圆形边界"方式绘制局部放大图

【练习4-24】：绘制图 4-99 所示齿轮齿形的局部放大图。

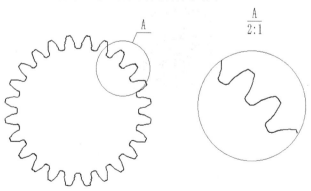

图4-99　绘制局部放大图

1. 打开【练习 4-17】绘制的齿轮。

2. 执行局部放大图命令，在界面左下角弹出绘制局部放大图的立即菜单。

3. 在立即菜单【1】下拉列表中选择【圆形边界】选项，在【2】下拉列表中选择【加引线】选项，其余选项设置如图 4-100 所示。

> 1. 圆形边界 ▾ 2. 加引线 ▾ 3. 放大倍数 2   4. 符号 A   5. 保持剖面线图样比例 ▾

图4-100 立即菜单设置

> **要点提示** 立即菜单【3.放大倍数】文本框中的放大倍数可以为 0.001~1000，放大倍数小于 1 时表示缩小。在立即菜单【4.符号】文本框中可以输入该局部视图的名称。

4. 此时命令行提示如下。

中心点：	//在要放大部位的中心单击
输入半径或圆上一点：	//单击圆上一点
符号插入点：	//单击圆上方一点
实体插入点：	//在放置局部放大图的位置单击
输入角度或由屏幕上确定：<-360,360>	//右击确认
符号插入点：	//在局部放大图的上方单击

结果如图 4-99 所示。

> **要点提示** 直接右击可默认旋转角为 0°，生成局部放大图。移动十字光标，在绘图区合适的位置单击，以确定符号文字的插入点，生成符号文字（若此时右击，则不生成符号文字；若按 Esc 键，则取消整个操作，不生成放大图形）。

4.9.2 使用"矩形边界"方式绘制局部放大图

【练习4-25】： 打开素材文件"exb\第 4 章\4-25.exb"，如图 4-101 左图所示，绘制齿轮齿形的局部放大图，结果如图 4-101 右图所示。

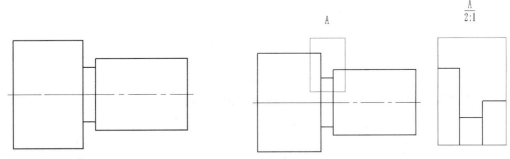

图4-101 绘制局部放大图

1. 执行局部放大图命令，在界面左下角弹出绘制局部放大图的立即菜单。在立即菜单【1】下拉列表中选择【矩形边界】选项，在【2】下拉列表中选择【边框可见】选项，其余选项设置如图 4-102 所示。

> 1. 矩形边界 ▾ 2. 边框可见 ▾ 3. 不加引线 ▾ 4. 放大倍数 2   5. 符号 A   6. 保持剖面线图样比例 ▾

图4-102 立即菜单设置

2. 此时命令行提示如下。

第一角点：	//在要放大部位左上方的位置单击

第二角点：　　　　　　　　　　　　　　　//移动十字光标至合适位置，单击

符号插入点：　　　　　　　　　　　　　　//在矩形上方单击

实体插入点：　　　　　　　　　　　　　　//在放置局部放大图的位置单击

输入角度或由屏幕上确定：<-360,360>　　//右击确认

符号插入点：　　　　　　　　　　　　　　//在局部放大图的上方单击

结果如图 4-101 右图所示。

4.10　综合练习

【练习4-26】：　绘制图 4-103 所示的图形。

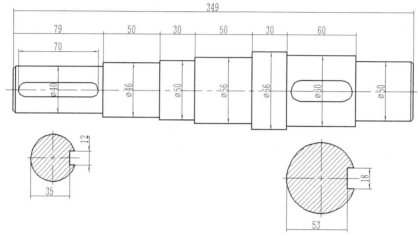

图4-103　综合练习

1.　使用孔/轴命令绘制轴，结果如图 4-104 所示。

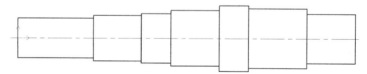

图4-104　绘制轴

2.　使用外倒角命令绘制外倒角，结果如图 4-105 所示。

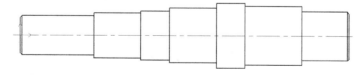

图4-105　绘制外倒角

3.　使用直线、圆、偏移、裁剪等命令绘制键槽，结果如图 4-106 所示。

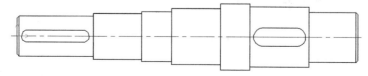

图4-106　绘制键槽

4. 使用圆、偏移、裁剪等命令绘制两个移出断面，结果如图 4-107 所示。

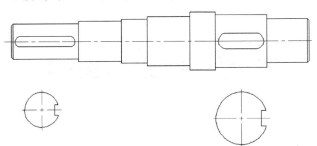

图4-107　绘制移出断面

5. 使用剖面线命令绘制剖面线，结果如图 4-108 所示。

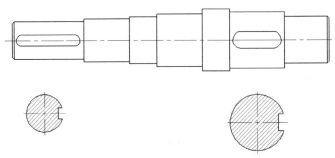

图4-108　绘制剖面线

4.11　习题

1. 绘制图 4-109 所示的铆钉。

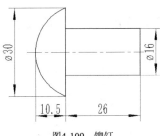

图4-109　铆钉

2. 绘制图 4-110 所示的手柄。

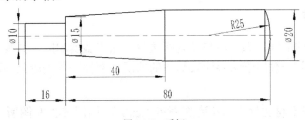

图4-110　手柄

3. 绘制轴与绘制孔的命令有何联系和区别？

第5章 修改与编辑

【学习目标】
- 掌握曲线的裁剪、过渡、延伸、打断及拉伸操作。
- 学会图形的平移、平移复制、旋转及镜像操作。
- 熟悉图形的缩放、阵列操作。

修改与编辑功能是交互式绘图软件不可缺少的功能，可以提高绘图效率和质量及删除作图过程中产生的多余线条。CAXA CAD 电子图板提供了齐全、操作灵活的修改与编辑功能，本章将讲解这些功能。

5.1 裁剪

使用裁剪命令来裁剪对象，可以使它们精确地终止于由其他对象定义的边界。

1. **命令启动方法**
- 命令行：trim。
- 菜单命令：【修改】/【裁剪】。
- 选项卡：【常用】选项卡中【修改】面板上的 ⊁ 按钮。

2. **立即菜单说明**

执行裁剪命令后，在界面左下角弹出裁剪的立即菜单，在立即菜单【1】下拉列表中可以选择裁剪方式，如图 5-1 所示。

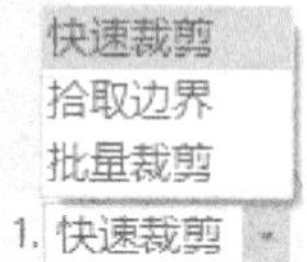

图5-1 裁剪的立即菜单

5.1.1 快速裁剪

直接单击被裁剪的曲线，系统将自动判断边界，做出裁剪响应，并视裁剪边界为与该曲线相交的曲线。快速裁剪一般用于边界比较简单的情况，例如一条线段只与两条及以下的线段相交的情况。

【练习5-1】：打开素材文件"exb\第 5 章\5-1.exb"，如图 5-2 左图所示，对五角星进行裁剪，结果如图 5-2 右图所示。

图5-2　快速裁剪

1. 执行裁剪命令，在立即菜单【1】下拉列表中选择【快速裁剪】选项。
2. 此时命令行提示如下。

拾取要裁剪的曲线：　　　　　　　　　　　　//单击要裁剪的第一条曲线

拾取要裁剪的曲线：　　　　　　　　　　　　//单击要裁剪的第二条曲线

拾取要裁剪的曲线：　　　　　　　　　　　　//单击要裁剪的第三条曲线

   …

直至裁剪完成。裁剪的拾取位置如图 5-3 所示。

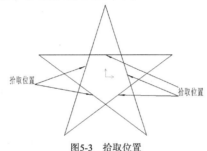

图5-3　拾取位置

> **要点提示**　对与其他曲线不相交的一条单独的曲线不能使用裁剪命令，只能使用删除命令将其去掉。

5.1.2　拾取边界裁剪

CAXA CAD 电子图板允许以一条或多条曲线作为剪刀线，对一系列曲线进行裁剪。

【练习5-2】：　打开素材文件"exb\第 5 章\5-2.exb"，如图 5-4 左图所示，使用拾取边界裁剪的方式裁剪图形，结果如图 5-4 右图所示。

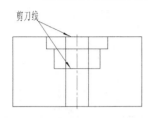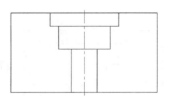

图5-4　拾取边界裁剪

1. 执行裁剪命令，在立即菜单【1】下拉列表中选择【拾取边界】选项。
2. 此时命令行提示如下。

拾取剪刀线：   //单击第一条剪刀线，如图 5-4 左图所示

拾取剪刀线：   //单击第二条剪刀线，然后右击

拾取要裁剪的曲线：   //单击第一条要裁剪的曲线，如图 5-5 所示

拾取要裁剪的曲线：   //单击第二条要裁剪的曲线，然后右击

结果如图 5-4 右图所示。

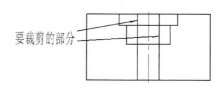

图5-5　要裁剪的部分

5.1.3　批量裁剪

当曲线较多时，可以对曲线或曲线组进行批量裁剪。

【练习5-3】：   打开素材文件 "exb\第 5 章\5-3.exb"，如图 5-6 左图所示，批量裁剪曲线，结果如图 5-6 右图所示。

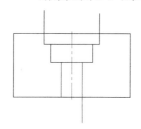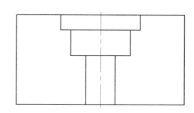

图5-6　批量裁剪

1. 执行裁剪命令，在立即菜单【1】下拉列表中选择【批量裁剪】选项。
2. 此时命令行提示如下。

拾取剪刀链：   //单击矩形

拾取要裁剪的曲线：   //单击第一条要裁剪的曲线，如图 5-7 所示

拾取要裁剪的曲线：   //单击第二条要裁剪的曲线

拾取要裁剪的曲线：   //单击第三条要裁剪的曲线，然后右击

请选择要裁剪的方向：   //单击矩形（剪刀链）外侧，如图 5-8 所示

结果如图 5-6 右图所示。

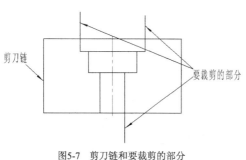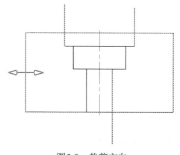

图5-7　剪刀链和要裁剪的部分   图5-8　裁剪方向

要点提示　剪刀链可以是一条曲线，也可以是多条首尾相连的曲线。用户可以依次拾取要裁剪的曲线，也可以使用框选方式拾取。

5.2　过渡

过渡功能包含一般 CAD 软件的圆角、尖角、倒角等功能。

1.　命令启动方法

- 命令行：corner。
- 菜单命令：【修改】/【过渡】。
- 选项卡：【常用】选项卡中【修改】面板上的□按钮。

2.　立即菜单说明

执行过渡命令后，在界面左下角弹出过渡的立即菜单，在立即菜单【1】下拉列表中可以选择过渡方式，如图 5-9 所示。

图5-9　过渡的立即菜单

5.2.1　圆角过渡

圆角过渡功能用于在两条圆弧（或直线）之间用圆角进行光滑过渡。

【练习5-4】：　打开素材文件"exb\第 5 章\5-4.exb"，如图 5-10 所示，对底板进行圆弧过渡编辑。

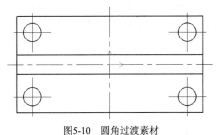

图5-10　圆角过渡素材

1.　执行过渡命令，在立即菜单【1】下拉列表中选择【圆角】选项，在【2】下拉列表中选择【裁剪】选项，如图 5-11 所示。

图5-11　立即菜单设置

2.　根据命令行提示依次拾取要进行圆角过渡的两条曲线，如图 5-12 所示，结果如图 5-13 所示。

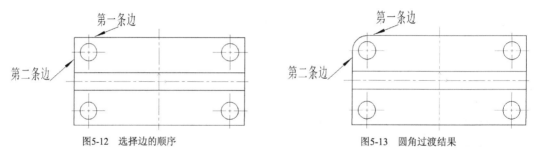

图5-12 选择边的顺序　　　　　　　　　　　　图5-13 圆角过渡结果

3. 若在图 5-11 所示的立即菜单【2】下拉列表中选择【裁剪始边】选项，则结果如图 5-14 所示。

4. 若在图 5-11 所示的立即菜单【2】下拉列表中选择【不裁剪】选项，则结果如图 5-15 所示。

要点提示　选择曲线的顺序不同，会得到不同的结果。

图5-14 裁剪始边　　　　　　　　　　　　　图5-15 不裁剪

5.2.2 多圆角过渡

多圆角过渡功能用于以给定半径对多条首尾相连的线段进行光滑过渡。

【练习5-5】：　打开素材文件"exb\第 5 章\5-5.exb"，如图 5-16 左图所示，对底板进行多圆角过渡编辑，结果如图 5-16 右图所示。

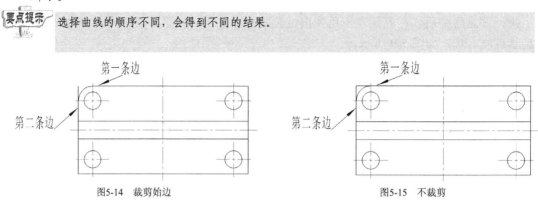

图5-16 多圆角过渡

1. 执行过渡命令，在立即菜单【1】下拉列表中选择【多圆角】选项，在【2.半径】文本框中输入过渡圆角半径"5"，如图 5-17 所示。

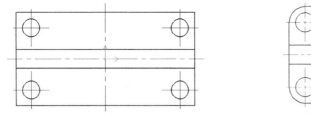

图5-17 立即菜单设置

2. 根据命令行提示拾取矩形的一条边，结果如图 5-16 右图所示。

5.2.3 倒角过渡

倒角过渡功能用于在两条线段之间进行倒角过渡。直线可以被裁剪或往角的方向延伸。

【**练习5-6**】： 打开素材文件"exb\第 5 章\5-6.exb"，如图 5-18 所示，对底板进行倒角过渡编辑。

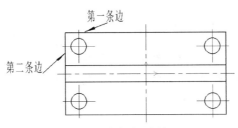

图5-18 倒角过渡素材

1. 执行过渡命令，在立即菜单【1】下拉列表中选择【倒角】选项，在【2】下拉列表中选择【长度和角度方式】选项，其余选项设置如图 5-19 所示。

图5-19 立即菜单设置

2. 根据命令行提示拾取要进行倒角过渡的两条直线，如图 5-18 所示，结果如图 5-20 所示。

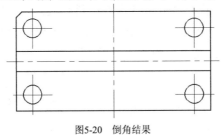

图5-20 倒角结果

3. 若在图 5-19 所示的立即菜单【3】下拉列表中选择【裁剪始边】选项，则结果如图 5-21 所示。

4. 若在图 5-19 所示的立即菜单【3】下拉列表中选择【不裁剪】选项，则结果如图 5-22 所示。

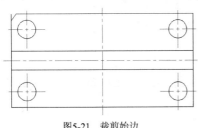

图5-21 裁剪始边

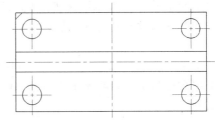

图5-22 不裁剪

5.2.4 外倒角过渡

外倒角过渡功能用于对轴端等有 3 条正交的线段进行倒角过渡。

【**练习5-7**】： 打开素材文件"exb\第 5 章\5-7.exb"，如图 5-23 左图所示，对轴进行外倒

129

角过渡编辑，结果如图 5-23 右图所示。

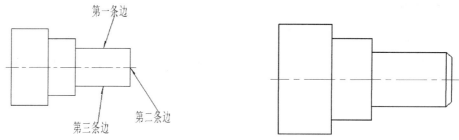

图5-23　外倒角过渡

1. 执行过渡命令，在立即菜单【1】下拉列表中选择【外倒角】选项，在【2】下拉列表中选择【长度和角度方式】选项，其余选项设置如图 5-24 所示。

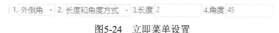

图5-24　立即菜单设置

2. 根据命令行提示拾取要生成外倒角的 3 条线段，如图 5-23 左图所示，结果如图 5-23 右图所示。

5.2.5　内倒角过渡

内倒角过渡功能用于对孔端构成孔的 3 条线段进行倒角过渡。

【练习5-8】：　打开素材文件"exb\第 5 章\5-8.exb"，如图 5-25 左图所示，对孔进行内倒角过渡编辑，结果如图 5-25 右图所示。

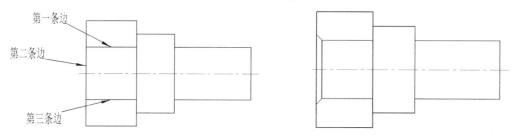

图5-25　内倒角过渡

1. 执行过渡命令，在立即菜单【1】下拉列表中选择【内倒角】选项，在【2】下拉列表中选择【长度和角度方式】选项，其余选项设置如图 5-26 所示。

图5-26　立即菜单设置

2. 根据命令行提示拾取要生成内倒角的 3 条线段，如图 5-25 左图所示，结果如图 5-25 右图所示。

5.2.6　多倒角过渡

多倒角过渡功能用于对多条首尾相连的线段进行倒角过渡。

【练习5-9】：　打开素材文件"exb\第 5 章\5-9.exb"，如图 5-27 左图所示，对底板进行多倒角过渡编辑，结果如图 5-27 右图所示。

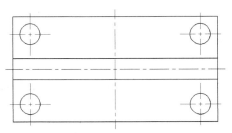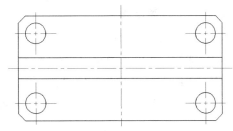

图5-27　多倒角过渡

1. 执行过渡命令，在立即菜单【1】下拉列表中选择【多倒角】选项，在【2.长度】文本框中输入倒角的长度 "2"，在【3.倒角】文本框中输入倒角的角度 "45"，如图 5-28 所示。

1.多倒角　▾　2.长度 2　　　3.倒角 45

图5-28　立即菜单设置

2. 根据命令行提示拾取矩形的任意一条边，结果如图 5-27 右图所示。

5.2.7　尖角过渡

尖角过渡功能用于在两条曲线的交点处形成尖角。

【练习5-10】：　打开素材文件 "exb\第 5 章\5-10.exb"，如图 5-29 左图所示，对轴进行尖角过渡编辑，结果如图 5-29 右图所示。

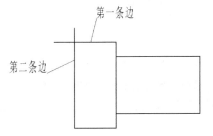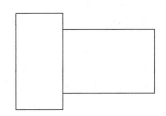

图5-29　尖角过渡

1. 执行过渡命令，在立即菜单【1】下拉列表中选择【尖角】选项，如图 5-30 所示。

1.尖角　▾

图5-30　立即菜单设置

2. 根据命令行提示依次拾取两条曲线，结果如图 5-29 右图所示。

5.3　延伸

延伸功能用于以一条曲线为边界对一系列曲线进行裁剪或延伸。

1. **命令启动方法**

- 命令行：edge。
- 菜单命令：【修改】/【延伸】。
- 选项卡：【常用】选项卡中【修改】面板上的 ⊸ 按钮。

2. 立即菜单说明

(1) 执行延伸命令后，根据命令行提示选择一条曲线作为边界。

(2) 选择一系列曲线进行编辑修改。

【练习5-11】： 打开素材文件"exb\第 5 章\5-11.exb"，如图 5-31 左图所示，对轴进行延伸编辑，结果如图 5-31 右图所示。

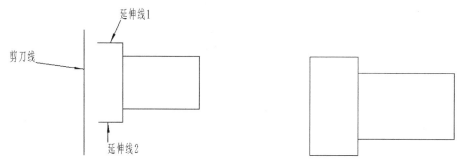

图5-31 延伸

1. 执行延伸命令，在立即菜单【1】下拉列表中选择【齐边】选项。

2. 此时命令行提示如下。

拾取剪刀线：	//选择图 5-31 左图所示的剪刀线
拾取要编辑的曲线：	//选择延伸线 1
拾取要编辑的曲线：	//选择延伸线 2，然后右击

3. 延伸并裁剪线段，结果如图 5-31 右图所示。

要点提示 如果选择的曲线与边界有交点，则系统按裁剪命令进行操作，即系统将裁剪所拾取的曲线至边界位置；如果被裁剪的曲线与边界没有交点，则系统将把曲线延伸至边界（圆或圆弧可能会有例外，因为它们无法向无穷远处延伸，它们的延伸范围是有限的）。

5.4 打断

打断功能用于将一条曲线在指定点处打断成两条曲线，以便分别操作。

1. 命令启动方法

- 命令行：break。
- 菜单命令：【修改】/【打断】。
- 选项卡：【常用】选项卡中【修改】面板上的 ⊔ 按钮。

2. 立即菜单说明

执行打断命令后，根据命令行提示选择一条待打断的曲线，然后选择曲线的打断点即可。

打断点最好选在需要打断的曲线上，为作图准确，可以充分利用智能点、导航点、栅格点和工具点菜单。为了让用户能更灵活地使用此功能，CAXA CAD 电子图板也允许把点设置在曲线外，使用规则如下。

- 若打断的为线段，则系统从选定点向线段作垂线，设定垂足点为打断点。
- 若打断的为圆弧或圆，则从圆心向选定点作线段，该线段与圆弧的交点被设定为打断点。

　　另外，打断后的曲线与打断前看起来并没有什么差别，但实际上，原来的一条曲线已经变成了两条互不相干的曲线，各自成了独立的实体。

【练习5-12】：　打开素材文件"exb\第 5 章\5-12.exb"，如图 5-32 左图所示，对轴进行打断操作，结果如图 5-32 右图所示。

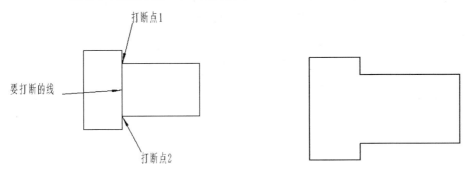

图5-32　打断

1.　执行打断命令，在立即菜单【1】下拉列表中选择【两点打断】选项，在【2】下拉列表中选择【单独拾取点】选项，如图 5-33 所示。

> 1. 两点打断　▾　2. 单独拾取点　▾

图5-33　打断的立即菜单

2.　此时命令行提示如下。

　　　拾取曲线：　　　　　　　　　　　　//选择要打断的线，如图 5-32 左图所示
　　　拾取第一点：　　　　　　　　　　　//单击打断点 1
　　　拾取第二点：　　　　　　　　　　　//单击打断点 2
　　结果如图 5-32 右图所示。

> **要点提示**　如果在立即菜单【1】下拉列表中选择【一点打断】选项，则先选择曲线，然后确定打断点，此时曲线在该点处被打断。如果在立即菜单中分别选择【两点打断】【伴随拾取点】选项，则此时选择曲线时的单击位置就是第一打断点的位置。

5.5　平移

　　平移图形是指对拾取到的图形进行平移操作。

1.　命令启动方法

- 命令行：move。
- 菜单命令：【修改】/【平移】。
- 选项卡：【常用】选项卡中【修改】面板上的 ⊕ 按钮。

2.　立即菜单说明

　　执行平移命令后，在界面左下角弹出平移的立即菜单，在立即菜单【1】下拉列表中可以选择平移方式，如图 5-34 所示。

图5-34　平移的立即菜单

5.5.1 以给定偏移的方式平移图形

CAXA CAD 电子图板可以用给定偏移的方式平移图形。

【练习5-13】：打开素材文件"exb\第 5 章\5-13.exb"，如图 5-35 左图所示，以给定偏移的方式平移图形，结果如图 5-35 右图所示。

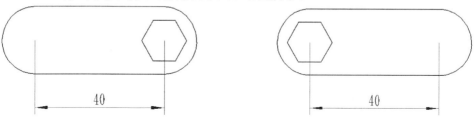

图5-35　以给定偏移的方式平移图形

1. 执行平移命令后，在立即菜单【1】下拉列表中选择【给定偏移】选项，在【2】下拉列表中选择【保持原态】选项，其余选项设置如图 5-36 所示。

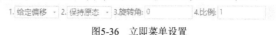

图5-36　立即菜单设置

2. 此时命令行提示如下。

拾取添加：　　　　　　　　　　　//选择图 5-35 左图所示要平移的六边形，然后右击
X 或 Y 方向偏移量：　　　　　　//输入"-40"，按 Enter 键

结果如图 5-35 右图所示。

5.5.2 以给定两点的方式平移图形

CAXA CAD 电子图板可以用给定两点的方式平移图形。可以使用指定的两点作为复制或平移的位置依据，也可以输入两点的坐标，系统将两点之间的距离作为偏移量，然后进行复制或平移操作。

【练习5-14】：打开素材文件"exb\第 5 章\5-14.exb"，如图 5-37 左图所示，以给定两点的方式平移图形，结果如图 5-37 右图所示。

图5-37　以给定两点的方式平移图形

1. 执行平移命令后，在立即菜单【1】下拉列表中选择【给定两点】选项，在【2】下拉列表中选择【保持原态】选项，其余选项设置如图 5-38 所示。

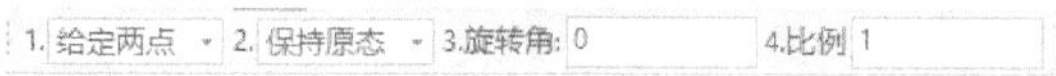

图5-38　立即菜单设置

2. 此时命令行提示如下。

拾取添加：　　　　　　　　　　　//选择要平移的圆，如图 5-37 左图所示
拾取添加：　　　　　　　　　　　//选择要平移的五边形，然后右击

第一点：	//单击平移图形的中心
第二点：	//单击要平移到的位置

结果如图 5-37 右图所示。

5.6　平移复制

平移复制是指对拾取到的图形进行复制。

1.　命令启动方法

- 命令行：copy。
- 菜单命令：【修改】/【平移复制】。
- 选项卡：【常用】选项卡中【修改】面板上的 ⊹ 按钮。

2.　立即菜单说明

执行平移复制命令后，在界面左下角弹出平移复制的立即菜单，在立即菜单【1】下拉列表中可以选择复制方式，如图 5-39 所示。

1. 给定两点 ▾	2. 保持原态 ▾	3. 旋转角: 0	4. 比例: 1	5. 份数: 1
1. 给定偏移 ▾	2. 保持原态 ▾	3. 旋转角: 0	4. 比例: 1	5. 份数: 1

图5-39　平移复制的立即菜单

5.6.1　以给定两点的方式复制图形

CAXA CAD 电子图板可以通过两点的定位方式完成图形元素的复制。

【练习5-15】：打开素材文件"exb\第 5 章\5-15.exb"，如图 5-40 左图所示，以给定两点的方式复制图形，结果如图 5-40 右图所示。

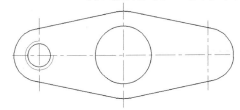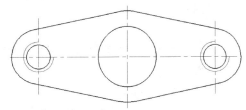

图5-40　以给定两点的方式复制图形

1. 执行平移复制命令，在立即菜单【1】下拉列表中选择【给定两点】选项，在【2】下拉列表中选择【保持原态】选项，其余选项设置如图 5-41 所示。

1. 给定两点 ▾	2. 保持原态 ▾	3. 旋转角: 0	4. 比例: 1	5. 份数: 1

图5-41　立即菜单设置

2. 此时命令行提示如下。

拾取添加：	//选择要复制的圆，如图 5-40 左图所示
拾取添加：	//选择要复制的细实线圆弧，然后右击
第一点：	//单击左侧螺纹孔中心
第二点：	//单击右侧中心线交点，按 Enter 键

结果如图 5-40 右图所示。

5.6.2 以给定偏移的方式复制图形

CAXA CAD 电子图板可以以给定偏移的方式完成图形元素的复制。

【练习5-16】： 打开素材文件"exb\第 5 章\5-16.exb"，如图 5-42 左图所示，以给定偏移的方式复制图形，结果如图 5-42 右图所示。

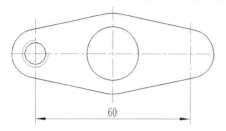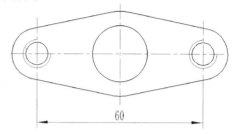

图5-42 以给定偏移的方式复制图形

1. 执行平移复制命令，在立即菜单【1】下拉列表中选择【给定偏移】选项，在【2】下拉列表中选择【保持原态】选项，其余选项设置如图 5-43 所示。

图5-43 立即菜单设置

2. 此时命令行提示如下。

拾取添加：	//选择要复制的圆，如图 5-42 左图所示
拾取添加：	//选择要复制的细实线圆弧，然后右击
X 或 Y 方向偏移量：60	//水平向右移动十字光标并输入偏移量，按 Enter 键

结果如图 5-42 右图所示。

5.7 旋转

旋转图形是指对拾取到的图形进行旋转或复制操作。

1. **命令启动方法**
- 命令行：rotate。
- 菜单命令：【修改】/【旋转】。
- 选项卡：【常用】选项卡中【修改】面板上的 ⊙ 按钮。

2. **立即菜单说明**

执行旋转命令后，在界面左下角弹出旋转的立即菜单，在立即菜单【1】下拉列表中可以选择旋转方式，如图 5-44 所示。

图5-44 旋转的立即菜单

5.7.1 以给定旋转角的方式旋转图形

CAXA CAD 电子图板可以以给定的基准点和角度的方式对图形进行旋转或复制。

【练习5-17】： 打开素材文件"exb\第 5 章\5-17.exb"，如图 5-45 左图所示，以给定旋转角的方式旋转和复制图形，结果分别如图 5-45 中图和图 5-45 右图所示。

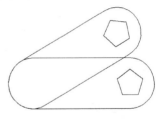

图5-45　以给定旋转角的方式旋转和复制图形

1. 执行旋转命令，在立即菜单【1】下拉列表中选择【给定角度】选项，在【2】下拉列表中选择【旋转】选项，如图 5-46 所示。

> 1.给定角度　▼ 2.旋转　▼

图5-46　立即菜单设置

2. 此时命令行提示如下。

拾取元素：　　　　　　　　　//选择要旋转的整个图形，如图 5-45 左图所示，然后右击

输入基点：　　　　　　　　　//单击图形左侧半圆的圆心

旋转角：30　　　　　　　　　//输入旋转角，按 Enter 键

结果如图 5-45 中图所示。

3. 若在图 5-46 所示的立即菜单【2】下拉列表中选择的是【拷贝】选项，则结果如图 5-45 右图所示。

5.7.2　以给定起始点和终止点的方式旋转图形

CAXA CAD 电子图板可以根据给定的两点与基准点形成的角度对图形进行旋转或复制。

【练习5-18】：　打开素材文件“exb\第 5 章\5-18.exb”，如图 5-47 左图所示，以给定起始点和终止点的方式旋转和复制图形，结果分别如图 5-47 中图和图 5-47 右图所示。

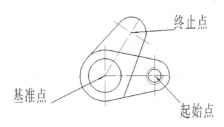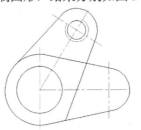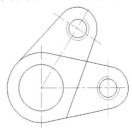

图5-47　以给定起始点和终止点的方式旋转和复制图形

1. 执行旋转命令，在立即菜单【1】下拉列表中选择【起始终止点】选项，在【2】下拉列表中选择【旋转】选项，如图 5-48 所示。

> 1.起始终止点　▼ 2.旋转　▼

图5-48　立即菜单设置

2. 此时命令行提示如下。

拾取元素：　　　　　　　　　　　　//选择要旋转的圆，如图 5-47 左图所示

拾取元素：　　　　　　　　　　　　//选择要旋转的细实线圆弧，然后右击

输入基点：　　　　　　　　　　　　//单击基准点

拾取起始点： //单击起始点

拾取终止点： //单击终止点

结果如图 5-48 中图所示。

3. 若在图 5-48 所示的立即菜单【2】下拉列表中选择的是【拷贝】选项，则结果如图 5-47 右图所示。

5.8 镜像

镜像图形是对拾取到的图形进行镜像复制或镜像位置移动，可以利用图上已有的直线，或者由用户交互给出两点作为镜像用的轴。

1. **命令启动方法**
- 命令行：mirror。
- 菜单命令：【修改】/【镜像】。
- 选项卡：【常用】选项卡中【修改】面板上的 ⬆ 按钮。

2. **立即菜单说明**

执行镜像命令后，在界面左下角弹出镜像的立即菜单，在立即菜单【1】下拉列表中可以选择镜像方式，如图 5-49 所示。

1. 拾取两点 · 2. 镜像 ·　　　　　　　　　1. 选择轴线 · 2. 拷贝 ·

图5-49　镜像的立即菜单

5.8.1 以选择轴线的方式镜像图形

CAXA CAD 电子图板可以以拾取的直线为镜像轴对图形进行镜像或对称复制。

【练习5-19】：打开素材文件"exb\第 5 章\5-19.exb"，如图 5-50 所示，以选择轴线的方式镜像和对称复制图形，结果分别如图 5-50 中图和图 5-50 右图所示。

轴线 ——→ 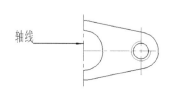　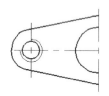　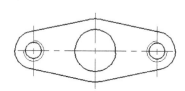

图5-50　以选择轴线的方式镜像和对称复制图形

1. 执行镜像命令，在立即菜单【1】下拉列表中选择【选择轴线】选项，在【2】下拉列表中选择【镜像】选项，如图 5-51 所示。

1. 选择轴线 · 2. 镜像 ·

图5-51　立即菜单设置

2. 根据命令行提示框选要镜像的图形，然后右击。

3. 拾取图中已有的线段作为镜像的轴线，结果如图 5-50 中图所示。

4. 若在图 5-51 所示的立即菜单【2】下拉列表中选择的是【拷贝】选项，则结果如图 5-50 右图所示。

5.8.2 以拾取两点的方式镜像图形

CAXA CAD 电子图板也可以以拾取的两点的连线为镜像轴对图形进行镜像或对称复制。

【练习5-20】： 打开素材文件"exb\第 5 章\5-20.exb"，如图 5-52 左图所示，以选择两点的
方式镜像和对称复制图形，结果分别如图 5-52 中图和图 5-52 右图所示。

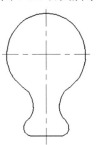

图5-52 以拾取两点的方式镜像和对称复制图形

1. 执行镜像命令，在立即菜单【1】下拉列表中选择【拾取两点】选项，在【2】下拉列
表中选择【镜像】选项，如图 5-53 所示。

> 1. 拾取两点 ▾ 2. 镜像 ▾

图5-53 立即菜单设置

2. 此时命令行提示如下。

拾取元素：	//选择要镜像的图形
拾取元素：	//右击
第一点：	//单击第一点，如图 5-52 左图所示
第二点：	//单击第二点

完成镜像，结果如图 5-52 中图所示。

3. 若在图 5-53 所示的立即菜单【2】下拉列表中选择的是【拷贝】选项，则结果如图 5-52
右图所示。

5.9 拉伸

拉伸功能用于对曲线或曲线组进行拉伸或缩短。

1. 命令启动方法

- 命令行：stretch。
- 菜单命令：【修改】/【拉伸】。
- 选项卡：【常用】选项卡中【修改】面板上的 按钮。

2. 立即菜单说明

执行拉伸命令后，在界面左下角弹出拉伸的立即菜单，在立即菜单【1】下拉列表中可
以选择拉伸方式，如图 5-54 所示。

> 1. 窗口拾取 ▾ 2. 给定偏移 ▾   1. 单个拾取 ▾

图5-54 拉伸的立即菜单

5.9.1 单条曲线拉伸

单条曲线拉伸是以单个拾取的方式对线段、圆弧或样条等进行拉伸。

【练习5-21】： 打开素材文件"exb\第 5 章\5-21.exb"，如图 5-55 左图所示，对线段进行拉伸，结果如图 5-55 右图所示。

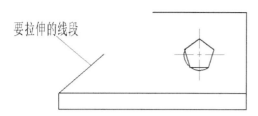
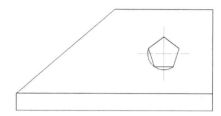

图5-55　单条曲线拉伸

1. 执行拉伸命令，在立即菜单【1】下拉列表中选择【单个拾取】选项。
2. 根据命令行提示拾取线段，如图 5-55 左图所示。
3. 向右上方移动十字光标至所需位置，单击，结果如图 5-55 右图所示。

拾取线段后，有两种拉伸方式，即"轴向拉伸"和"任意拉伸"。轴向拉伸即保持直线的方向不变，改变靠近拾取点的线段端点的位置。轴向拉伸又分为"点方式"和"长度方式"。当选择【点方式】选项时，是将线段拉伸到某一指定的点；当选择【长度方式】选项时，需要输入拉伸长度，线段将延伸指定的长度，如果输入的是负值，则线段将缩短。

要点提示 任意拉伸时靠近拾取点的线段端点的位置完全由十字光标的位置决定。

【练习5-22】： 打开素材文件"exb\第 5 章\5-22.exb"，如图 5-56 左图所示，对圆弧进行拉伸，结果如图 5-56 右图所示。

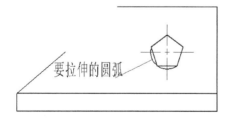
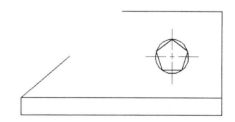

图5-56　拉伸圆弧

1. 执行拉伸命令，在立即菜单【1】下拉列表中选择【单个拾取】选项，其余选项设置如图 5-57 所示。

1. 单个拾取　▼　2. 弧长拉伸　▼　3. 绝对　▼

图5-57　立即菜单设置

2. 根据命令行提示拾取圆弧，如图 5-56 左图所示。
3. 移动十字光标至圆弧起点，单击确认，结果如图 5-56 右图所示。

5.9.2 曲线组拉伸

曲线组拉伸是指拉伸拾取窗口内的图形。

【**练习5-23**】： 打开素材文件"exb\第 5 章\5-23.exb"，如图 5-58 左图所示，拉伸图形，结果如图 5-58 右图所示。

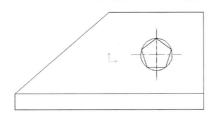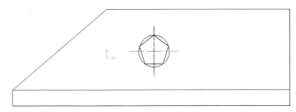

图5-58 曲线组拉伸

1. 执行拉伸命令，在立即菜单【1】下拉列表中选择【窗口拾取】选项，在【2】下拉列表中选择【给定偏移】选项，如图 5-59 所示。

1. 窗口拾取 · 2. 给定偏移 ·

图5-59 立即菜单设置

2. 根据命令行提示依次拾取窗口的第一角点和第二角点，拾取窗口如图 5-60 所示。

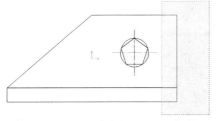

图5-60 拾取窗口

要点提示 这里窗口的拾取必须从右向左拾取，即第二角点的位置必须在第一角点的左侧，否则操作无效。

3. 右击，然后水平向右移动十字光标，根据命令行提示输入数值"30"，按 <u>Enter</u> 键，结果如图 5-58 右图所示。

5.10 缩放

利用缩放功能可以对拾取到的图形按给定比例进行缩小或放大，也可以用十字光标在绘图区移动直接进行缩放，系统会动态显示被缩放的图形，满足要求时单击，完成缩放。

1. 命令启动方法

- 命令行：scale。
- 菜单命令：【修改】/【缩放】。
- 选项卡：【常用】选项卡中【修改】面板上的 □ 按钮。

2. 立即菜单说明

执行缩放命令后，根据命令行提示拾取要缩放的图形，右击确认，在立即菜单【1】下拉列表中可以选择缩放方式，如图 5-61 所示。

图5-61　缩放的立即菜单

【练习5-24】：　打开素材文件"exb\第 5 章\5-24.exb"，如图 5-62 左图所示，对内部正五边形和圆进行缩放，结果如图 5-62 右图所示。

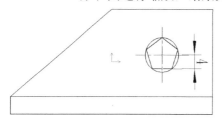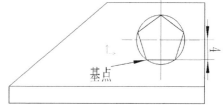

图5-62　缩放

1.　执行缩放命令，选择图 5-62 左图中的圆和正五边形，然后右击。
2.　在立即菜单【1】下拉列表中选择【平移】选项，在【2】下拉列表中选择【比例因子】选项，如图 5-63 所示。

图5-63　立即菜单设置

3.　此时命令行提示如下。

拾取添加:	//选择圆和正五边形
拾取添加:	//右击
基准点:	//选择正五边形的左下角点
比例系数:1.5	//输入比例系数

结果如图 5-62 右图所示。

4.　若在图 5-63 所示的立即菜单【1】下拉列表中选择的是【拷贝】选项，则结果如图 5-64 所示。

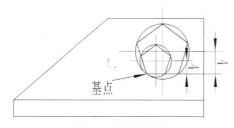

图5-64　放大复制图形

5.11　阵列

阵列的目的是通过一次操作同时生成若干个相同的图形，以提高作图速度。

1.　命令启动方法

- 命令行: array。
- 菜单命令:【修改】/【阵列】。
- 选项卡:【常用】选项卡中【修改】面板上的 ⊞ 按钮。

2. 立即菜单说明

执行阵列命令后，在界面左下角弹出阵列的立即菜单，在立即菜单【1】下拉列表中可以选择阵列方式，如图 5-65 所示。

图5-65 阵列的立即菜单

5.11.1 圆形阵列

圆形阵列是指以指定点为圆心，以指定点到图形的距离为半径，将拾取的图形在圆周上进行阵列复制。

【练习5-25】：打开素材文件"exb\第 5 章\5-25.exb"，如图 5-66 左图所示，对五边形进行圆形阵列操作，结果如图 5-66 右图所示。

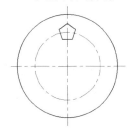 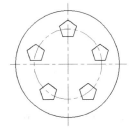

图5-66 圆形阵列

1. 执行阵列命令，在立即菜单【1】下拉列表中选择【圆形阵列】选项，在【2】下拉列表中选择【旋转】选项，其余选项设置如图 5-67 所示。

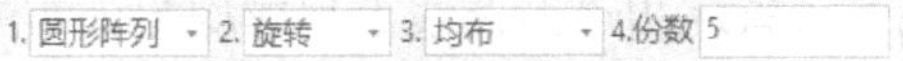

图5-67 立即菜单设置（1）

2. 根据命令行提示拾取要阵列的五边形，如图 5-66 左图所示，然后右击确认。

3. 选择圆心作为阵列的中心点，结果如图 5-66 右图所示。

4. 在立即菜单【1】下拉列表中选择【圆形阵列】选项，在【2】下拉列表中选择【旋转】选项，其余选项设置如图 5-68 所示。

图5-68 立即菜单设置（2）

5. 根据命令行提示拾取要阵列的五边形，然后右击确认。

6. 选择圆心作为阵列的中心点，则结果如图 5-69 所示。

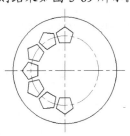

图5-69 阵列结果

5.11.2　矩形阵列

矩形阵列是指将拾取的图形按矩形阵列的方式进行阵列复制。

【练习5-26】：打开素材文件"exb\第 5 章\5-26.exb"，如图 5-70 左图所示，对图形进行矩形阵列操作，结果如图 5-70 右图所示。

图5-70　矩形阵列

1. 执行阵列命令，在立即菜单【1】下拉列表中选择【矩形阵列】选项，其余选项设置如图 5-71 所示。

1. 矩形阵列 ▾	2.行数 2	3.行间距 20	4.列数 2	5.列间距 50	6.旋转角 0

图5-71　立即菜单设置

2. 根据命令行提示拾取要阵列的圆，然后右击确认，结果如图 5-70 右图所示。

> **要点提示**　在矩形阵列操作中，各参数的范围：行数为 1~65532、行间距为 0.010~99999、列数为 1~65532、列间距为 0.010~99999、旋转角为 −360° ~360° 。

5.11.3　曲线阵列

曲线阵列是指在一条或多条首尾相连的曲线上生成均匀分布的图形元素。

【练习5-27】：打开素材文件"exb\第 5 章\5-27.exb"，如图 5-72 左图所示，将小圆沿圆弧阵列，结果如图 5-72 右图所示。

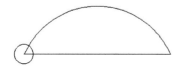
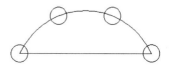

图5-72　曲线阵列

1. 执行阵列命令，在立即菜单【1】下拉列表中选择【曲线阵列】选项，在【2】下拉列表中选择【单个拾取母线】选项，其余选项设置如图 5-73 所示。

1. 曲线阵列 ▾	2. 单个拾取母线 ▾	3. 旋转	4. 份数	5.份数 4

图5-73　立即菜单设置

2. 此时命令行提示如下。

　　拾取元素：　　　　　　　　　　　　　　　　　//选择要阵列的圆，然后右击
　　基点：　　　　　　　　　　　　　　　　　　　//选择要阵列的圆的圆心
　　拾取母线：　　　　　　　　　　　　　　　　　//选择圆弧
　　请拾取所需的方向：　　　　　　　　　　　　　//单击内侧箭头

结果如图 5-72 右图所示。

5.12　综合练习

【练习5-28】：　绘制图 5-74 所示的图形。

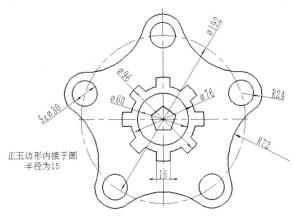

图5-74　综合练习

1. 使用圆命令绘制圆，结果如图 5-75 所示。
2. 使用圆命令绘制两个小圆，结果如图 5-76 所示。

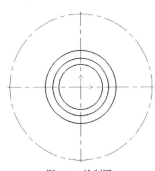

图5-75　绘制圆

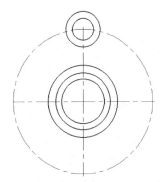

图5-76　绘制两个小圆

3. 使用圆形阵列方式阵列上一步绘制的圆，结果如图 5-77 所示。
4. 使用"两点_半径"方式绘制圆弧，结果如图 5-78 所示。

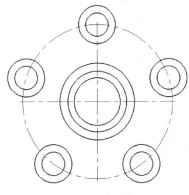

图5-77　阵列圆

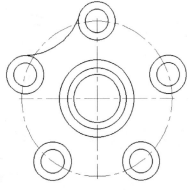

图5-78　绘制圆弧

5. 使用圆形阵列方式阵列圆弧，结果如图 5-79 所示。

6. 使用等距线、裁剪命令绘制轮齿，结果如图 5-80 所示。

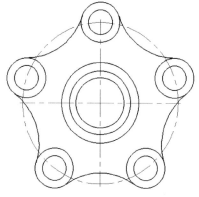

图5-79 阵列圆弧

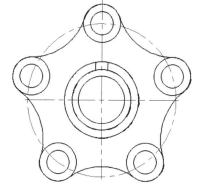

图5-80 绘制轮齿

7. 使用圆形阵列方式阵列轮齿，结果如图 5-81 所示。

8. 使用裁剪命令裁剪图形，结果如图 5-82 所示。

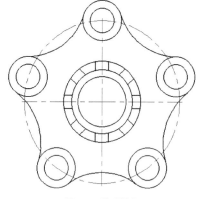

图5-81 阵列轮齿

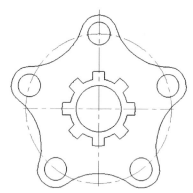

图5-82 裁剪图形

9. 使用多边形命令绘制正五边形，结果如图 5-83 所示。

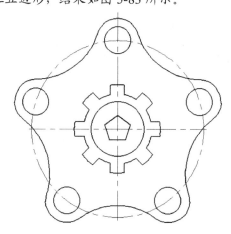

图5-83 绘制正五边形

5.13 习题

1. 综合运用所学命令绘制图 5-84 所示的椅子俯视图。

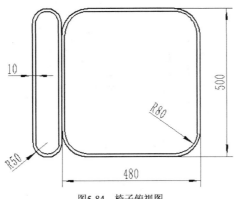

图5-84 椅子俯视图

2. 综合运用所学命令绘制图 5-85 所示的间歇轮。

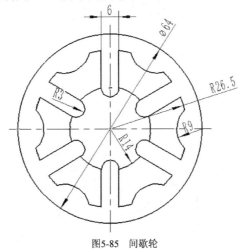

图5-85 间歇轮

3. 综合运用所学命令绘制图 5-86 所示的齿轮轴，未注倒角 $R=2$。

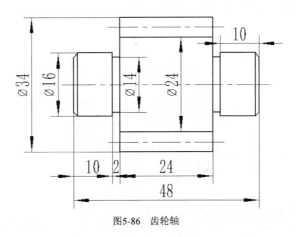

图5-86 齿轮轴

4. 综合运用所学命令绘制图 5-87 所示的棘轮。

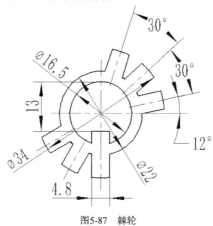

图5-87 棘轮

5. 综合运用所学命令绘制图 5-88 所示的轴座。

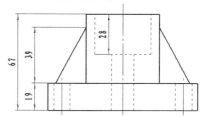

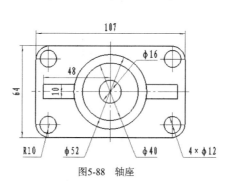

图5-88 轴座

6. 综合运用所学命令绘制图 5-89 所示的挡片。

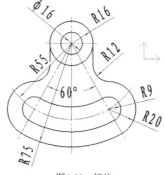

图5-89 挡片

7. 综合运用所学命令绘制图 5-90 所示的座体。

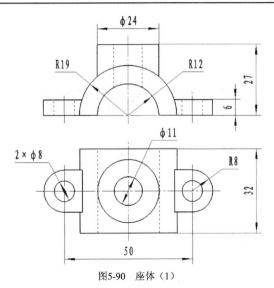

图5-90　座体（1）

8.　综合运用所学命令绘制图 5-91 所示的座体。

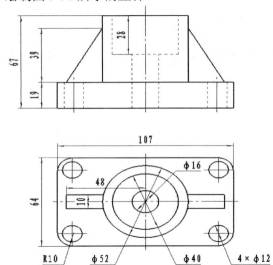

图5-91　座体（2）

第6章 绘图编辑

【学习目标】

- 学会撤销与恢复操作，以及剪贴板的应用。
- 了解插入与链接操作。
- 掌握删除和删除所有命令。
- 学会图片管理的方法。
- 熟悉鼠标右键操作中的图形编辑功能。

图形编辑命令主要集中在【编辑】菜单（见图 6-1）中，包括撤销、恢复、剪切、复制、带基点复制、粘贴、粘贴为块、选择性粘贴、粘贴到原坐标、插入对象、链接、OLE（Object Link and Embedding，对象链接与嵌入）对象、删除和删除所有等。此外，图形编辑命令还包括改变图形的层、颜色和线型等电子图板特有的编辑功能。

图6-1 【编辑】菜单

6.1 撤销与恢复

撤销与恢复是编辑图形文件的重要方法。

6.1.1 撤销操作

撤销操作是取消最近一次的编辑操作。

命令启动方法

- 命令行: undo。
- 菜单命令:【编辑】/【撤销】。
- 工具栏:【标准】工具栏中的 按钮。
- 选项卡:【菜单】选项卡中的【编辑】/【撤销】命令。
- 快捷键: Ctrl + Z。

【练习6-1】: 练习撤销命令。

1. 打开素材文件 "exb\第 6 章\6-1.exb",如图 6-2 左图所示,在中心线的交点处绘制一个圆,如图 6-2 右图所示。

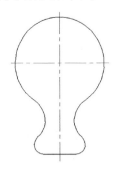 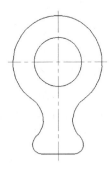

图6-2 撤销操作

2. 单击【标准】工具栏中的 按钮,完成撤销操作,结果如图 6-2 左图所示。

6.1.2 恢复操作

恢复操作是撤销操作的逆过程,用来取消最近一次的撤销操作。

命令启动方法

- 命令行: redo。
- 菜单命令:【编辑】/【恢复】。
- 工具栏:【标准】工具栏中的 按钮。
- 选项卡:【菜单】选项卡中的【编辑】/【恢复】命令。
- 快捷键: Ctrl + Y。

继续前面的练习。单击【标准】工具栏中的 按钮,恢复圆形,结果如图 6-3 所示。

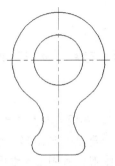

图6-3 恢复操作

6.2 剪贴板的应用

剪贴板用于存储从图形中剪切的选定对象，以供图形粘贴时使用。

6.2.1 剪切

剪切功能用于将选中的图形或 OLE 对象剪切到剪贴板中，以供粘贴图形时使用。

命令启动方法

- 命令行：cut。
- 菜单命令：【编辑】/【剪切】。
- 工具栏：【标准】工具栏中的 ✄ 按钮。
- 选项卡：【菜单】选项卡中的【编辑】/【剪切】命令。
- 快捷键：Ctrl + X。

【练习6-2】： 练习剪切命令。

1. 打开素材文件 "exb\第 6 章\6-2.exb"，如图 6-4 左图所示。
2. 执行剪切命令，根据命令行提示选择要剪切的圆，右击确认，结果如图 6-4 右图所示。

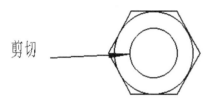
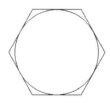

图6-4 剪切

图形剪切与图形复制不论在功能上还是在使用上都十分相似，只是图形复制不删除用户拾取的图形，而图形剪切是在图形复制的基础上删除拾取的图形。

6.2.2 复制

复制功能用于将选中的图形或 OLE 对象复制到剪贴板中，以供粘贴图形时使用。

命令启动方法

- 命令行：copy。
- 菜单命令：【编辑】/【复制】。
- 工具栏：【标准】工具栏中的 ▢ 按钮。
- 选项卡：【菜单】选项卡中的【编辑】/【复制】命令。
- 快捷键：Ctrl + C。

【练习6-3】： 练习复制命令。

1. 打开素材文件 "exb\第 6 章\6-3.exb"，如图 6-5 左图所示。
2. 执行复制命令，根据命令行提示选择要复制的图形，右击确认，完成复制。
3. 按 Ctrl + V 快捷键，将出现复制的图形，如图 6-5 右图所示。

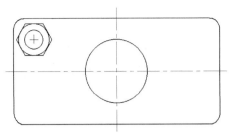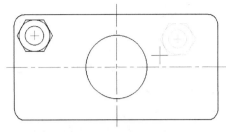

图6-5　复制

这里的复制区别于曲线编辑中的平移复制，它可将选中的图形临时存储，以供粘贴使用。平移复制只能在同一个 CAXA CAD 电子图板文件中进行复制，而图形复制与图形粘贴配合使用，除了可以在不同的 CAXA CAD 电子图板文件中进行复制外，还可以将所选图形或OLE 对象复制到 Windows 系统的剪贴板中，粘贴到其他支持 OLE 的软件（如 Word 等）中。

6.2.3　带基点复制

带基点复制功能用于将含有基点信息的对象存储到剪贴板中，以供粘贴图形时使用。

命令启动方法

- 命令行：copywb。
- 菜单命令：【编辑】/【带基点复制】。
- 工具栏：【标准】工具栏中的 🗐 按钮。
- 选项卡：【菜单】选项卡中的【编辑】/【带基点复制】命令。
- 快捷键：Shift + Ctrl + C。

【练习6-4】：　练习带基点复制命令。

1. 打开素材文件"exb\第 6 章\6-4.exb"，如图 6-6 左图所示。
2. 执行带基点复制命令，此时命令行提示如下。

　　　拾取添加：　　　　　　　　　　　　　　　//框选要复制的图形，然后右击
　　　请指定基点：　　　　　　　　　　　　　　//单击圆心 1

3. 按 Ctrl + V 快捷键，将出现复制的图形，并且以该图形的圆心为基点，如图 6-6 右图所示。

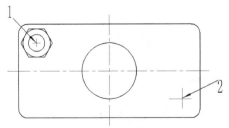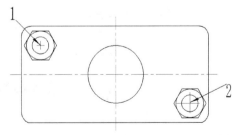

图6-6　带基点复制

带基点复制与复制的区别：进行带基点复制操作时要指定图形的基点，粘贴时也要指定基点来放置对象；而进行复制操作时不需要指定基点，粘贴时默认的基点是拾取对象的左下角点。

6.2.4 粘贴

粘贴功能用于将剪贴板中存储的图形或 OLE 对象粘贴到文件中，如果剪贴板中的内容是由其他支持 OLE 的软件的复制命令送入的，则粘贴到文件中的为对应的 OLE 对象。

命令启动方法

- 命令行：paste。
- 菜单命令：【编辑】/【粘贴】。
- 工具栏：【标准】工具栏中的 按钮。
- 选项卡：【菜单】选项卡中的【编辑】/【粘贴】命令。
- 快捷键：$\boxed{Ctrl}$ + $\boxed{V}$。

继续前面练习，单击点 2 来放置图形，右击确认，完成粘贴，结果如图 6-7 所示。

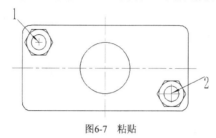

图6-7　粘贴

6.2.5 选择性粘贴

选择性粘贴功能用于将 Windows 系统的剪贴板中的内容按照所需的类型和方式粘贴到电子图板文件中。

命令启动方法

- 命令行：specialpaste。
- 菜单命令：【编辑】/【选择性粘贴】。
- 工具栏：【标准】工具栏中的 按钮。
- 选项卡：【菜单】选项卡中的【编辑】/【选择性粘贴】命令。

执行选择性粘贴命令后，系统打开图 6-8 所示的【选择性粘贴】对话框，在该对话框中可以选择要粘贴图形的属性。

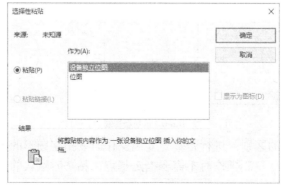

图6-8　【选择性粘贴】对话框

6.3 插入与链接

CAXA CAD 电子图板允许在文件中插入 OLE 对象。用户可以新建对象，也可以从现有的文件中创建。新建的对象可以是嵌入的对象，也可以是链接的对象。

6.3.1 插入对象

命令启动方法

- 命令行：insertobject。
- 菜单命令：【编辑】/【插入对象】。
- 工具栏：【对象】工具栏中的 ▦ 按钮。
- 选项卡：【菜单】选项卡中的【编辑】/【插入对象】命令。

执行插入对象命令后，系统打开图 6-9 所示的【插入对象】对话框，在该对话框中可以选择插入对象的类型。

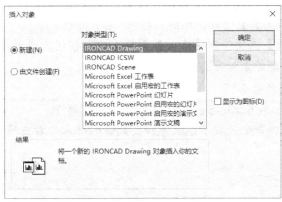

图6-9 【插入对象】对话框

6.3.2 链接

链接是指将对象以链接方式插入文件中的操作，包括立即更新（更新文档）、打开源（编辑链接对象）、更改源（更换链接对象）及断开链接等操作。

命令启动方法

- 菜单命令：【编辑】/【链接】。
- 工具栏：【对象】工具栏中的 ▦ 按钮。
- 选项卡：【菜单】选项卡中的【编辑】/【链接】命令。
- 快捷键：$\boxed{\text{Ctrl}}$ + $\boxed{\text{K}}$。

6.3.3 OLE 对象

在【编辑】菜单中，OLE 对象的内容随选中对象的不同而不同，它可以帮助用户将其他 Windows 应用程序创建的对象（如图片、图表、文本及电子表格等）插入文件中。

命令启动方法

- 菜单命令：【编辑】/【OLE 对象】。
- 工具栏：【对象】工具栏中的 按钮。
- 选项卡：【菜单】选项卡中的【编辑】/【OLE 对象】命令。

6.4　删除和删除所有

删除功能用于删除选择的对象，删除所有功能用于将符合拾取过滤条件的实体全部删除。

6.4.1　删除

利用删除功能可以删除拾取到的实体。

命令启动方法

- 命令行：del/delete/e。
- 菜单命令：【编辑】/【删除】或【修改】/【删除】。
- 工具栏：【编辑工具】工具栏中的 按钮。
- 选项卡：【常用】选项卡中【修改】面板上的 按钮，或者【菜单】选项卡中的【编辑】/【删除】命令。

【练习6-5】：　练习删除命令。

1. 打开素材文件 "exb\第 6 章\6-5.exb"，如图 6-10 左图所示。
2. 执行删除命令，根据命令行提示依次选择要删除的对象，右击确认，结果如图 6-10 右图所示。

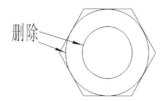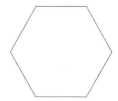

图6-10　删除

6.4.2　删除所有

利用删除所有功能可以删除所有符合拾取过滤条件的实体。

命令启动方法

- 命令行：delall。
- 菜单命令：【编辑】/【删除所有】或【修改】/【删除所有】。
- 工具栏：【编辑工具】工具栏中的 按钮。
- 选项卡：【常用】选项卡中【修改】面板上的 按钮，或者【菜单】选项卡中的【编辑】/【删除所有】命令。

执行删除所有命令后，系统打开图 6-11 所示的提示对话框，提示是否要执行删除操作。

图6-11 提示对话框

6.5 图片

在绘制图形时，多数情况下需要插入一些图片并与绘制的图形对象结合起来。例如，插入作为底图、实物参考或用于 Logo 设计的图片。CAXA CAD 电子图板可以将图片添加到基于矢量的图形中作为参照，并且可以查看、编辑和打印。

6.5.1 插入图片

利用插入图片功能可以选择图片并将其插入当前图形中作为参照。

命令启动方法

- 菜单命令:【绘图】/【图片】/【插入图片】。
- 工具栏:【对象】工具栏中的 ⊞ 按钮。
- 选项卡:【插入】选项卡中【图片】面板上的 ⊞ 按钮。

执行插入图片命令后，系统打开图 6-12 所示的【打开】对话框，在该对话框中可以选择要插入的图片。选择完成后，单击 打开(O) 按钮，弹出图 6-13 所示的【图像】对话框，在该对话框中可以根据需要设置插入图片的属性。

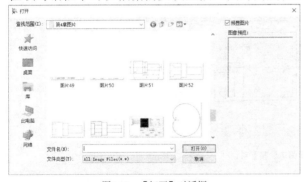

图6-12 【打开】对话框

图6-13 【图像】对话框

6.5.2 图片管理

利用图片管理功能可以通过统一的图片管理器设置图片文件的保存路径等参数。

命令启动方法

- 菜单命令:【绘图】/【图片】/【图片管理器】。
- 工具栏:【对象】工具栏中的 ▦ 按钮。
- 选项卡:【插入】选项卡中【图片】面板上的 ▦ 按钮。

执行图片管理命令后，系统打开图 6-14 所示的【图片管理器】对话框，在该对话框中可以管理插入的图片。

图6-14 【图片管理器】对话框

6.5.3 图像调整

利用图像调整功能可以对插入图像的亮度和对比度进行调整。

命令启动方法

- 菜单命令:【绘图】/【图片】/【图像调整】。
- 工具栏:【对象】工具栏上的 按钮。
- 选项卡:【插入】选项卡中【图片】面板上的 按钮。

执行图像调整命令后，系统打开图 6-15 所示的【图像调整】对话框，在该对话框中可以对图片的亮度和对比度进行调整。

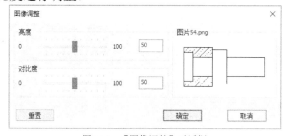

图6-15 【图像调整】对话框

6.5.4 图像裁剪

在后台所保存的图片数据不变的情况下，利用图像裁剪功能可以控制图片仅显示一部分内容或显示全部内容。

命令启动方法

- 菜单命令:【绘图】/【图片】/【图像裁剪】。
- 工具栏:【对象】工具栏中的 按钮。
- 选项卡:【插入】选项卡中【图片】面板上的 按钮。

【练习6-6】： 练习图像裁剪命令。

1. 打开素材文件"exb\第 6 章\6-6.exb"，如图 6-16 左图所示。
2. 执行图像裁剪命令，此时命令行提示如下。

  选择要裁剪的图像：   //选择整个图形
  请选择裁剪的方式或输入边界左上角点： //单击点 A，如图 6-16 左图所示
  选择矩形裁剪边界第二点：   //单击点 B

  结果如图 6-16 右图所示。

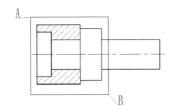 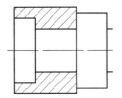

图6-16 图像裁剪

6.6 鼠标右键操作中的图形编辑功能

  CAXA CAD 电子图板文件提供了面向对象的快捷菜单，用户可直接对图形元素进行属性查询、属性修改、删除、平移、复制、平移复制、带基点复制、粘贴、旋转、镜像、部分存储及输出 DWG/DXF 等操作。

6.6.1 曲线编辑

  曲线编辑功能用于对拾取的曲线进行删除、平移复制、旋转、镜像、阵列及缩放等操作。拾取绘图区中的一个或多个图形，被拾取的图形高亮显示，随后右击，弹出图 6-17 所示的快捷菜单，利用该快捷菜单可以进行相应的曲线编辑操作。

图6-17 快捷菜单

159

6.6.2 属性操作

拾取绘图区中的一个或多个图形，被拾取的图形高亮显示，随后右击，在弹出的快捷菜单中选择【特性】命令，系统弹出【特性】面板，如图 6-18 所示。在该面板中可以对图形的图层、线型、颜色等进行修改。

图6-18 【特性】面板

6.7 综合练习

【练习6-7】： 打开素材文件"exb\第 6 章\综合练习.exb"，如图 6-19 所示，对此图形进行以下操作。

(1) 删除中间的五边形。

(2) 将此图形复制两次。

(3) 撤销、恢复（2）的操作。

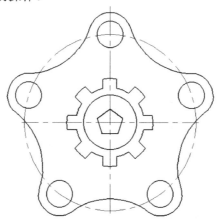

图6-19 综合练习

1. 选择五边形，使用删除命令将其删除，结果如图 6-20 所示。

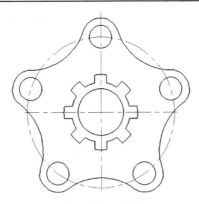

图6-20 删除五边形

2. 使用复制命令将图形复制两个，结果如图 6-21 所示。

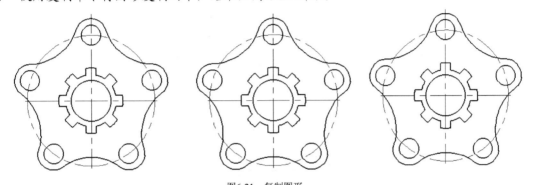

图6-21 复制图形

3. 使用撤销命令撤销步骤 2 复制的图形，恢复至图 6-20 所示的图形。

6.8 习题

1. 绘制图 6-22 所示的图形，并对各图形的属性进行修改。

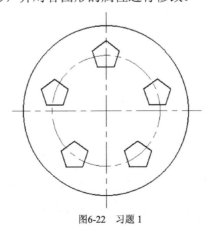

图6-22 习题 1

2. 图形编辑命令有哪些？

3. 绘制图 6-23 所示的侧板（尺寸任意），练习撤销命令与恢复命令的用法。绘制完成后，练习剪切、复制与粘贴图形等操作。

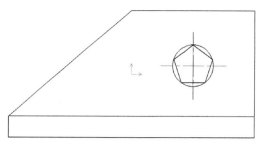

图6-23 侧板

4. 绘制图 6-24 所示的把手。

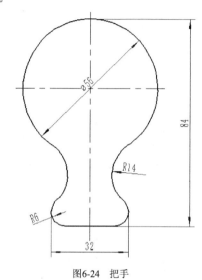

图6-24 把手

第7章　图纸幅面

【学习目标】
- 学会设置图幅。
- 熟悉设置图框的方法。
- 掌握设置标题栏的方法。
- 学会设置零件序号。
- 学会设置明细表。

CAXA CAD 电子图板按照国标的规定，在系统内部设置了 5 种标准图幅（A0、A1、A2、A3、A4），以及相应的图框、标题栏和明细表。用户可以根据需要自定义图幅和图框，并将自定义的图幅、图框制成模板文件，以备其他文件调用。

7.1　图幅设置

图纸幅面是指绘图区的大小，CAXA CAD 电子图板提供了 5 种标准的图纸幅面，分别为 A0、A1、A2、A3、A4，还允许用户根据需要自定义幅面的大小。

1.　命令启动方法
- 命令行：setup。
- 菜单栏：【幅面】/【图幅设置】。
- 选项卡：【图幅】选项卡中【图幅】面板上的 ▢ 按钮。

2.　操作步骤

执行图幅设置命令后，弹出图 7-1 所示的【图幅设置】对话框，在该对话框中进行相应的设置后，单击 确定(O) 按钮即可。

下面对【图幅设置】对话框中的选项进行介绍。

（1）【图纸幅面】下拉列表。

【图纸幅面】下拉列表中有 5 种标准的图纸幅面，分别为【A0】【A1】【A2】【A3】【A4】，另外还有【用户自定义】选项，如图 7-2 所示。

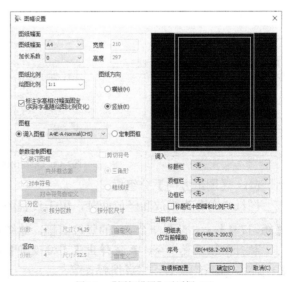

图7-1　【图幅设置】对话框（1）

要点提示 当使用【用户自定义】选项来定义图纸幅面时,【宽度】和【高度】选项的数值不能小于 25。例如, 在【宽度】文本框中输入 "10", 将弹出提示对话框。

图7-2　【图纸幅面】下拉列表

(2)　【加长系数】下拉列表。

【加长系数】下拉列表提供了当对图纸幅面进行加长时, 可选用的常用的增长倍数, 如图 7-3 所示。

图7-3　【加长系数】下拉列表

(3)　【绘图比例】下拉列表。

【绘图比例】下拉列表提供了在绘制图形时可选用的常用的比例, 如图 7-4 所示。

图7-4　【绘图比例】下拉列表

(4)　【图纸方向】分组框。

图纸方向分为横放和竖放两种, 用于设置图纸的长边是水平的还是竖直的。

【练习7-1】:　设置一个 A4 的竖放图幅, 绘图比例为 1∶1, 无图框、无标题栏。

1.　执行图幅设置命令, 系统弹出【图幅设置】对话框, 参数设置如图 7-5 所示。

2.　单击 确定(O) 按钮, 完成图幅设置。

图7-5　【图幅设置】对话框（2）

7.2　图框设置

图框表示一张图纸的有效绘图区域，它可以随图幅设置的变化而产生相应的变化。

7.2.1　调入图框

当系统提供的图框不能满足实际绘图需要时，
用户可以自定义一些图形作为新的图框。

1.　命令启动方法

- 命令行：frmload。
- 菜单命令：【幅面】/【图框】/【调入】。
- 选项卡：【图幅】选项卡中【图框】面板
  上的 ⊡ 按钮。

2.　操作步骤

执行调入图框命令，弹出图 7-6 所示的【读入
图框文件】对话框，在【系统图框】列表框
中选择某一图框的图标，然后单击 导入(M) 按
钮，即可调入选中的图框。

图7-6　【读入图框文件】对话框

【练习7-2】：　在【练习 7-1】设置好的 A4 图幅中，调入一个 A4 的图框。

1.　执行调入图框命令，打开【读入图框文件】对话框，在【系统图框】列表框中选择【A
4E-A-Normal(CHS)】选项。

2.　单击 导入(M) 按钮，完成图框调入，结果如图 7-7 所示。

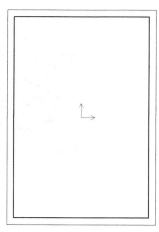

图7-7 调入图框

7.2.2 定义图框

当系统提供的图框不能满足实际绘图需要时，用户可以自定义一些图形作为新的图框。

命令启动方法

- 命令行：frmdef。
- 菜单命令：【幅面】/【图框】/【定义】。
- 选项卡:【图幅】选项卡中【图框】面板上的 按钮。

【练习7-3】：定义一个 210×297 的矩形图框（注意：矩形的中心一定要位于坐标原点）。

1. 执行矩形命令，绘制一个 210×297 的矩形，将矩形的中心放在坐标原点。
2. 执行定义图框命令，此时命令行提示如下。

    拾取元素：　　　　　　　　　　　　　　//选择矩形，然后右击

    基准点：　　　　　　　　　　　　　　//选择矩形的中心位置（即坐标原点）

3. 弹出图 7-8 所示的【另存为】对话框，给图框起好名字后保存，完成图框的定义。

图7-8 【另存为】对话框

7.2.3　存储图框

利用存储图框功能可将用户自定义的图框存储到文件中，以供后续使用。

1.　命令启动方法

- 命令行：frmsave。
- 菜单命令：【幅面】/【图框】/【存储】。
- 选项卡：【图幅】选项卡中【图框】面板上的 按钮。

2.　操作步骤

执行存储图框命令，弹出【另存为】对话框，在该对话框中输入要存储的图框的名称，然后单击 保存(S) 按钮完成图框的存储，以备后续直接调用。

7.3　标题栏设置

CAXA CAD 电子图板设计了多种标题栏以供用户调用，使用这些标准的标题栏会大大提高绘图效率，同时 CAXA CAD 电子图板也允许用户自定义标题栏，并将自定义的标题栏以文件的形式保存起来，以备后续使用。

7.3.1　调入标题栏

1.　命令启动方法

- 命令行：headload。
- 菜单命令：【幅面】/【标题栏】/【调入】。
- 选项卡：【图幅】选项卡中【标题栏】面板上的 按钮。

2.　操作步骤

执行调入标题栏命令，弹出图 7-9 所示的【读入标题栏文件】对话框，该对话框中列出了常用的标题栏，选择【系统标题栏】列表框中某一标题栏的图标，然后单击 导入(M) 按钮，即可调入选中的标题栏。

图7-9　【读入标题栏文件】对话框

【练习7-4】： 在【练习7-2】调入的图框中调入一个院校专用标题栏，如图7-10所示。

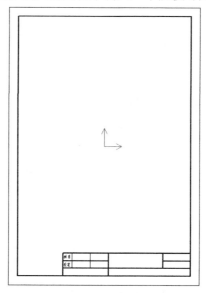

图7-10 调入标题栏

1. 执行调入标题栏命令，弹出【读入标题栏文件】对话框，在【系统标题栏】列表框中
   选择【School(CHS)】文件。
2. 单击 导入(M) 按钮，完成标题栏的调入。

7.3.2 定义标题栏

当系统提供的标题栏不能满足实际绘图需要时，用户可以自定义新的标题栏。

命令启动方法

- 命令行：headdef。
- 菜单命令:【幅面】/【标题栏】/【定义】。
- 选项卡:【图幅】选项卡中【标题栏】面板上的 按钮。

【练习7-5】： 定义一个绘制的标题栏。

1. 打开素材文件 "exb\第7章\7-5.exb"，如图7-11所示。

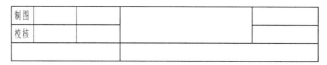

图7-11 绘制的标题栏

2. 执行定义标题栏命令，此时命令行提示如下。

   拾取元素：   //框选整个图形，然后右击
   基准点：   //选择矩形的右下角点（此点应与图框右下角点重合）

3. 系统弹出【另存为】对话框，如图7-12所示，在该话框中输入自定义标题栏的名称，
   然后单击 保存(S) 按钮保存标题栏。

图7-12　【另存为】对话框

7.3.3　填写标题栏

填写标题栏功能用于填写定义好的标题栏。

1.　命令启动方法

- 命令行：headfill。
- 菜单命令：【幅面】/【标题栏】/【填写】。
- 选项卡：【图幅】选项卡中【标题栏】面板上的 📑填写按钮。

2.　操作步骤

1. 执行填写标题栏命令，弹出图 7-13 所示的【填写标题栏】对话框。

图7-13　【填写标题栏】对话框

2. 在该对话框中填写标题栏内容，然后单击 确定 按钮完成标题栏的填写。

【练习7-6】： 填写标题栏。

1. 打开素材文件 "exb\第 7 章\7-6.exb"，如图 7-14 所示。

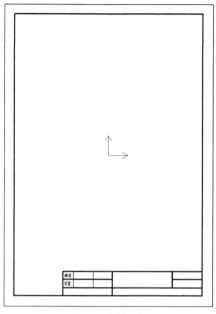

图7-14 素材文件

2. 执行填写标题栏命令，打开【填写标题栏】对话框，填好各项，如图 7-15 所示。

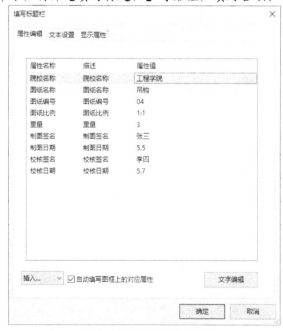

图7-15 【填写标题栏】对话框

3. 单击 确定 按钮，完成标题栏的填写，结果如图 7-16 所示。

制图	张三	5.5	吊钩	1:1
校核	李四	5.7		3
工程学院			04	

图7-16　填写好的标题栏

7.3.4　编辑标题栏

编辑标题栏功能用于以编辑图块的方式对标题栏进行编辑。

命令启动方法

- 命令行：headsave。
- 菜单命令：【幅面】/【标题栏】/【编辑】。
- 选项卡：【图幅】选项卡中【标题栏】面板上的 按钮。

以【练习7-6】的标题栏为例。

1. 执行编辑标题栏命令后，进入块编辑器界面，如图 7-17 所示。

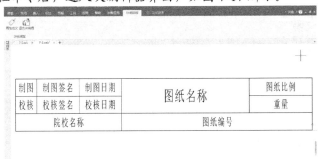

图7-17　块编辑器界面

2. 如果要修改其中的内容，可以双击要修改的项目，例如双击"校核日期"，弹出该项目的【属性定义】对话框，如图 7-18 所示。
3. 修改完成后单击 确定(O) 按钮即可。
4. 如果要修改其他项目，则继续双击要修改的项目。如果没有，则单击 按钮，此时弹出图 7-19 所示的提示对话框，单击 是(Y) 按钮完成标题栏的编辑。

图7-18　【属性定义】对话框

图7-19　提示对话框

7.3.5 存储标题栏

存储标题栏功能用于将用户自定义的标题栏存储到文件中，以供后续使用。

1. **命令启动方法**

- 命令行：headsave。
- 菜单命令：【幅面】/【标题栏】/【存储】。
- 选项卡：【图幅】选项卡中【标题栏】面板上的 存储 按钮。

2. **操作步骤**

执行存储标题栏命令，弹出图 7-20 所示的【另存为】对话框，在该对话框中输入要存储的标题栏的名称，然后单击 保存(S) 按钮完成标题栏的存储，以备后续直接调用。

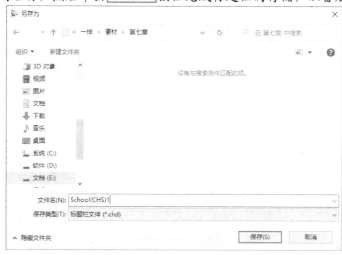

图7-20 【另存为】对话框

7.4 零件序号设置

CAXA CAD 电子图板提供了生成、删除、编辑、交换序号等功能，并且与明细表联动，在生成和插入零件序号的同时，允许用户填写或不填写明细表中的各表项，而且对于从图库中提取的标准件或含属性的块，在零件序号生成时，能自动将其属性填入明细表中。

7.4.1 生成序号

生成序号功能用于生成或插入零件的序号。

1. **命令启动方法**

- 命令行：ptno。
- 菜单命令：【幅面】/【序号】/【生成】。
- 选项卡：【图幅】选项卡中【序号】面板上的 生成序号 按钮。

2. **操作步骤**

1. 执行生成序号命令，弹出生成序号的立即菜单，如图 7-21 所示。

图7-21　生成序号的立即菜单

2. 填写或选择立即菜单中的各项。

3. 根据命令行提示依次选择序号引线的引出点和转折点即可。

3. 立即菜单说明

(1)　【1.序号】文本框：零件的序号可以是数值，也可以是前缀加数值，但是前缀和数值均最多只能有 3 位，否则系统将提示输入的数值错误，当前缀的第一位字符是"@"时，生成的序号是加圈的形式。

当一个零件的序号被确定后，系统将根据当前的序号自动生成下次标注时的新序号。如果当前序号为纯数值，则系统自动将序号栏中的数值加 1；如果当前序号为纯前缀，则系统在当前标注的序号后加数值 1，并在下次标注的序号后加数值 2；如果当前序号为前缀加数值，则前缀不变，数值为当前数值加1，如图 7-22 所示。

如果输入的一个零件序号小于当前相同前缀的序号的最小值或大于最大值加 1，则系统会提示输入的数值不合法；但如果输入的序号与当前已存在的序号相同，则会弹出图 7-23 所示的【注意】对话框。

- 如果单击 插 入(I) 按钮，则原有的序号从当前序号开始一直到与当前前缀相同数值最大的序号统一向后顺延。
- 如果单击 取重号(R) 按钮，则系统生成与现有序号重复的序号。
- 如果单击 自动调整(A) 按钮，则当前输入的序号变为当前前缀相同数值最大的序号加 1。
- 如果单击 取 消(C) 按钮，则输入的序号无效。

图7-22　零件序号的输入号　　　　　　图7-23　【注意】对话框

(2)　【2.数量】文本框：表示本次序号标注的零件个数，若数值大于 1，则采用公共引线的标注形式。

(3)　【3】下拉列表：有【水平】和【垂直】两个选项，表示采用公共引线进行序号标注时的排列方式，水平排列示例如图 7-24 所示，垂直排列示例如图 7-25 所示。

图7-24　零件序号水平排列　　　　　　图7-25　零件序号垂直排列

(4)　【4】下拉列表：有【由内向外】和【由外向内】两个选项，表示当采用公共引线标注时序号的排列顺序，示例如图 7-26 所示。

173

图7-26 由内向外、由外向内排列

(5) 【5】下拉列表：有【显示明细表】和【隐藏明细表】两个选项，指定是否在标注序号时生成该序号的明细表。

(6) 【6】下拉列表：有【填写】和【不填写】两个选项，指定是否在生成序号后填写该零件的明细表。

- 如果选择【填写】选项，则在序号生成之后会弹出【填写明细表】窗口。
- 如果选择【不填写】选项，则生成序号后可不填写明细表，以后再填写时，可用其他方法填写明细表。

(7) 【7】下拉列表：有【单折】和【多折】两个选项，代表引出线的折数。

【练习7-7】：   打开素材文件"exb\第 7 章\7-7.exb"，如图 7-27 上图所示，生成零件图中的序号，结果如图 7-27 下图所示。

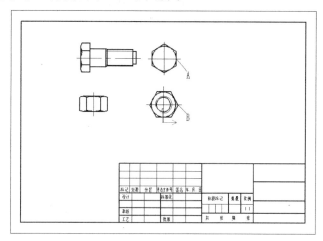

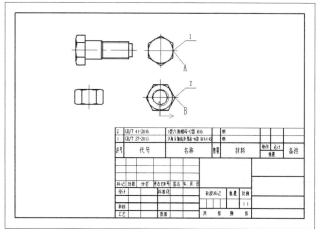

图7-27 生成零件图中的序号

1. 执行生成序号操作命令，弹出生成序号的立即菜单，其设置如图 7-28 所示。

> 1.序号= 1　2.数量 1　3.垂直 ▾ 4.自动 ▾ 5.由内向外 ▾ 6.显示明细表 ▾ 7.填写 ▾ 8.单折 ▾

图7-28　立即菜单设置

2. 此时命令行提示如下。

　　拾取引出点或选择明细表行：　　　　　　　　　　//单击点 A

　　转折点：　　　　　　　　　　　　　　　　　　//单击放置位置

3. 弹出【填写明细表】窗口，各选项的设置如图 7-29 所示，然后单击 确定(O) 按钮，完成序号"1"的插入。

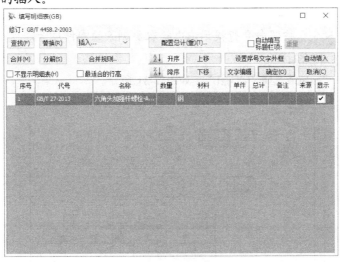

图7-29　【填写明细表】窗口（1）

4. 此时命令行提示如下。

　　拾取引出点或选择明细表行：　　　　　　　　　　//单击点 B

　　转折点：　　　　　　　　　　　　　　　　　　//单击放置位置

5. 弹出【填写明细表】窗口，各选项的设置如图 7-30 所示，然后单击 确定(O) 按钮完成序号"2"的插入，结果如图 7-27 下图所示。

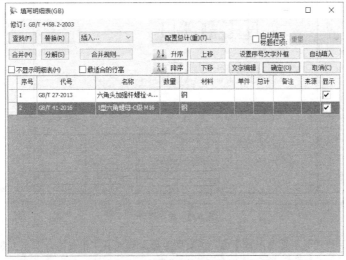

图7-30　【填写明细表】窗口（2）

7.4.2 删除序号

删除序号功能用于删除不需要的零件序号。

1. 命令启动方法

- 命令行：ptnodel。
- 菜单命令：【幅面】/【序号】/【删除】。
- 选项卡：【图幅】选项卡中【序号】面板上的 删除按钮。

2. 操作步骤

执行删除序号命令，按照命令行提示依次拾取要删除的零件序号即可。

【练习7-8】：　练习删除序号。

1. 打开素材文件 "exb\第 7 章\7-8.exb"，如图 7-31 所示。

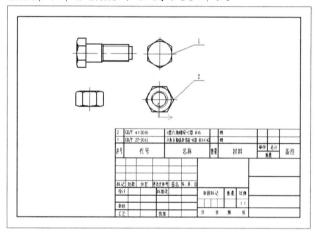

图7-31　素材文件

2. 执行删除序号命令，根据命令行提示依次拾取要删除的序号 1、2，结果如图 7-32 所示。

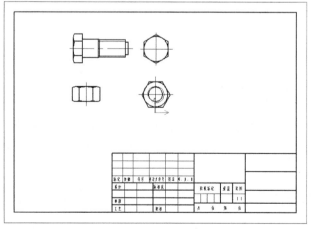

图7-32　删除序号

 如果要删除的序号不是重名的序号，则会同时删除明细表中相应的表项，否则只删除所拾取的序号；如果删除的序号为中间项，则系统会自动将该项后面的序号顺序减 1，以保持序号的连续性。

7.4.3　编辑序号

编辑序号功能用于编辑零件序号的位置和排列方式。

1.　命令启动方法

- 命令行：ptnoedit。
- 菜单命令：【幅面】/【序号】/【编辑】。
- 选项卡：【图幅】选项卡中【序号】面板上的 编辑 按钮。

2.　操作步骤

1. 执行编辑序号命令，按照命令行提示依次拾取要编辑的零件序号。
2. 如果拾取的是序号的引出线，则可移动十字光标编辑引出点的位置。
3. 同时系统弹出图 7-33 所示的编辑序号的立即菜单，提示输入转折点，此时移动十字光标可以编辑序号的排列方式和序号的位置。

> 1. 垂直 ▾ 2. 自动 ▾ 3. 由外向内 ▾

图7-33　编辑序号的立即菜单

7.4.4　交换序号

交换序号功能用于交换零件序号的位置，并根据需要交换明细表内容。

1.　命令启动方法

- 命令行：ptnoswap。
- 菜单命令：【幅面】/【序号】/【交换】。
- 选项卡：【图幅】选项卡中【序号】面板上的 交换 按钮。

2.　操作步骤

1. 执行交换序号命令，在界面左下角弹出图 7-34 所示的交换序号的立即菜单。
2. 选择要交换的序号后，两个序号马上交换位置。

> 1. 仅交换选中序号 ▾ 2. 交换明细表内容 ▾

图7-34　交换序号的立即菜单

【练习7-9】：　交换序号 1 和序号 2。

1. 打开素材文件 "exb\第 7 章\7-9.exb"，如图 7-35 所示。

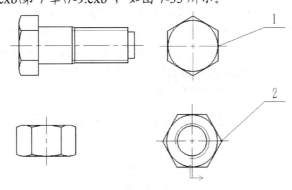

图7-35　素材文件

177

2. 执行交换序号命令，此时命令行提示如下。

请拾取零件序号：   //选择序号1

请拾取第二个零件序号：   //选择序号2

继续拾取零件序号，或右键结束选择： //右击

结果如图 7-36 所示。

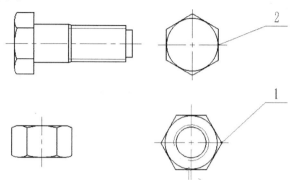

图7-36 交换序号

7.5 明细表设置

CAXA CAD 电子图板的明细表与零件序号是联动的，可以随零件序号的插入和删除产生相应的变化。除此之外，CAXA CAD 电子图板还提供了删除表项、表格折行、插入空行、填写明细表、数据库操作等与明细表相关的。

7.5.1 删除表项

删除表项功能用于删除明细表的表项及序号。

1. **命令启动方法**
- 命令行：tbldel。
- 菜单命令：【幅面】/【明细表】/【删除表项】。
- 选项卡：【图幅】选项卡中【明细表】面板上的 删除 按钮。

2. **操作步骤**

执行删除表项命令后，根据命令行提示拾取要删除的明细表表项，如果拾取无误，则删除该表项及其对应的所有序号，同时这些序号以后的序号将自动重新排列。当需要删除所有明细表表项时，可以直接拾取明细表表头，此时将弹出提示对话框，如图 7-37 所示，单击 是(Y) 按钮，删除该明细表所有的表项及序号。

图7-37 提示对话框

【练习7-10】： 删除明细表表项 2。

1. 打开素材文件 "exb\第 7 章\7-10.exb"，如图 7-38 所示。

2	GB/T 41-2016	1型六角螺母-C级 M16		钢			
1	GB/T 27-2013	六角头加强杆螺栓-A级 M16×45		钢			
序号	代号	名称	数量	材料	单件	总计	备注
						重量	
标记	处数	分区	更改文件号	签名	年、月、日		
设计			标准化		阶段标记	重量	比例
审核							1:1
工艺			批准		共　张　第　张		

图7-38　素材文件

2. 执行删除表项命令，根据命令行提示选择表项 2，然后右击，结果如图 7-39 所示。

1	GB/T 27-2013	六角头加强杆螺栓-A级 M16×45		钢			
序号	代号	名称	数量	材料	单件	总计	备注
						重量	
标记	处数	分区	更改文件号	签名	年、月、日		
设计			标准化		阶段标记	重量	比例
审核							1:1
工艺			批准		共　张　第　张		

图7-39　删除表项

7.5.2 表格折行

利用表格折行功能可使明细表从某一行处进行左折或右折。

1. 命令启动方法

- 命令行：tblbrk。
- 菜单栏：【幅面】/【明细表】/【表格折行】。
- 选项卡：【图幅】选项卡【明细表】面板中的 折行 按钮。

2. 操作步骤

执行表格折行命令，根据命令行提示拾取某一待折行的表项，系统将按照立即菜单中的设置进行左折或右折。

【练习7-11】： 将明细表表项 2 折行。

1. 打开素材文件 "exb\第 7 章\7-11.exb"，如图 7-40 所示。

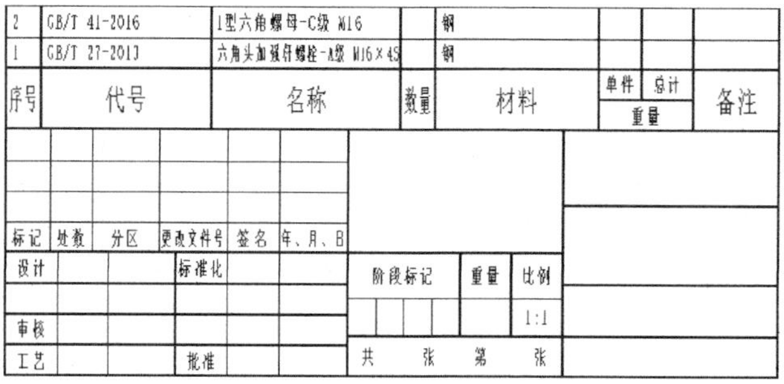

2 GB/T 41-2016 1型六角螺母-C级 M16 钢
1 GB/T 27-2013 六角头加强杆螺栓-A级 M16×45 钢
序号 代号 名称 数量 材料 单件 总计 重量 备注
标记 处数 分区 更改文件号 签名 年、月、日
设计 标准化 阶段标记 重量 比例
1:1
审核
工艺 批准 共 张 第 张

图7-40　素材文件

2. 执行删除表项命令，根据命令行提示选择表项 2，然后右击，结果如图 7-41 所示。

1 GB/T 27-2013 六角头加强杆螺栓-A级 M16×45 钢
序号 代号 名称 数量 材料 单件 总计 重量 备注
标记 处数 分区 更改文件号 签名 年、月、日
设计 标准化 阶段标记 重量 比例
1:1
审核
2 GB/T 41-2016 1型六角螺母-C级 M16 钢
工艺 批准 共 张 第 张

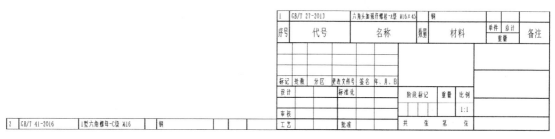

图7-41　表格折行

7.5.3 插入空行

利用插入空行功能可在明细表中插入空行。

1. 命令启动方法

- 命令行：tblnew。
- 菜单命令：【幅面】/【明细表】/【插入空行】。
- 选项卡：【图幅】选项卡中【明细表】面板上的 插入 按钮。

2. 操作步骤

执行插入空行命令，系统将把一个空白行插入明细表中。

【练习7-12】：在明细表中插入两行空白表项。

1. 打开素材文件“exb\第 7 章\7-12.exb”，如图 7-42 所示。

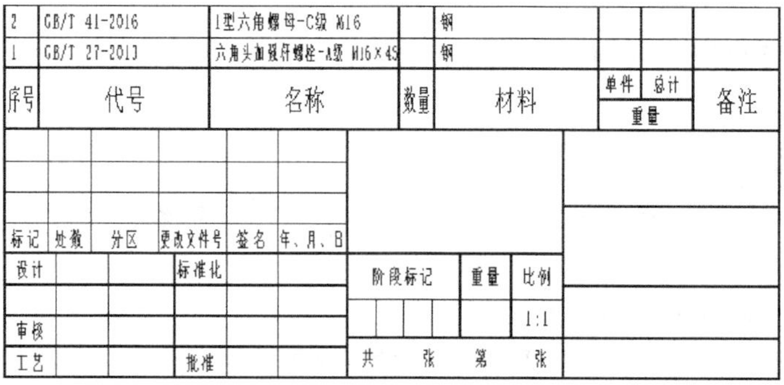

2 GB/T 41-2016 1型六角螺母-C级 M16 钢
1 GB/T 27-2013 六角头加强杆螺栓-A级 M16×45 钢
序号 代号 名称 数量 材料 单件 总计 重量 备注
标记 处数 分区 更改文件号 签名 年、月、日
设计 标准化 阶段标记 重量 比例
1:1
审核
工艺 批准 共 张 第 张

图7-42　素材文件

2. 执行插入空行命令，此时命令行提示如下。

  请拾取表项：   //选择表项 2

  请拾取表项：   //继续选择表项 2，右击确认

明细表 2 上方出现两行空白表项，如图 7-43 所示。

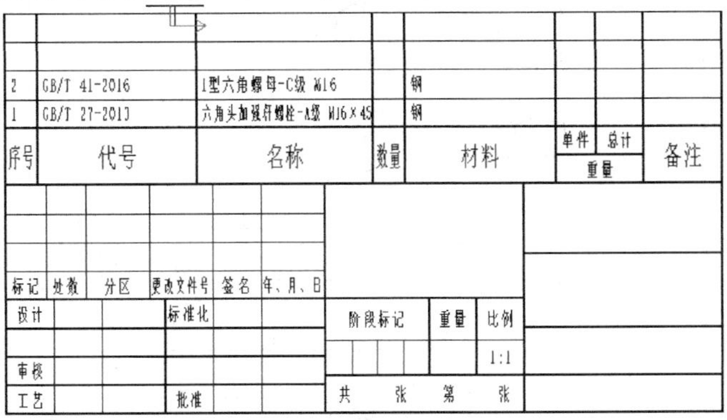

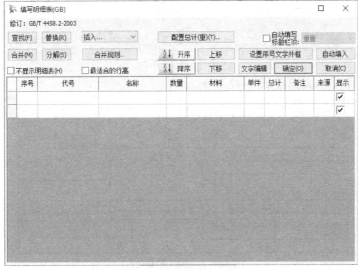

图7-43　插入空行

7.5.4　填写明细表

利用填写明细表功能可以填写或修改明细表中各项的内容。

1. **命令启动方法**

- 命令行：tbledit。
- 菜单命令:【幅面】/【明细表】/【填写明细表】。
- 选项卡:【图幅】选项卡中【明细表】面板上的 **T** 按钮。

2. **操作步骤**

执行填写明细表命令，弹出【填写明细表】窗口，如图 7-44 所示，在该窗口中进行填写，然后单击 确定(O) 按钮，所填项目将被自动添加到明细表中。

图7-44　【填写明细表】窗口

【练习7-13】：填写明细表。

1. 打开素材文件 "exb\第 7 章\7-13.exb"，如图 7-45 所示。

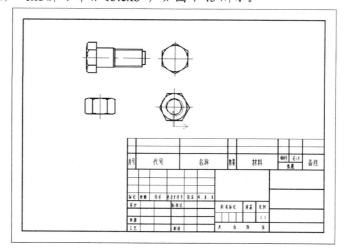

图7-45 素材文件

2. 执行填写明细表命令，打开【填写明细表】窗口，在该窗口中填写图 7-46 所示的内容。

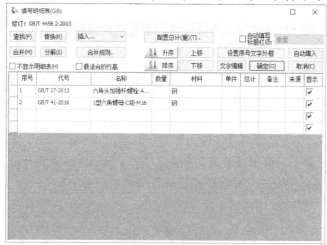

图7-46 填写明细表

3. 单击 确定(O) 按钮，结果如图 7-47 所示。

2	GB/T 41-2016	1型六角螺母-C级 M16		钢					
1	GB/T 27-2013	六角头加强杆螺栓-A级 M16×45		钢					
序号	代号	名称	数量	材料	单件	总计	备注		
					重量				
标记	处数	分区	更改文件号	签名	年、月、日				
设计			标准化			阶段标记	重量	比例	
审核								1:1	
工艺			批准			共 张 第 张			

图7-47 完成填写的明细表

7.5.5　输出明细表

利用输出明细表功能可将当前图纸中的明细表单独在一张图纸中输出。

命令启动方法

- 菜单命令:【幅面】/【明细表】/【输出明细表】。
- 工具栏:【明细表】工具栏中的 按钮。
- 选项卡:【图幅】选项卡中【明细表】面板上的 输出 按钮。

【练习7-14】：　练习输出明细表。

1. 打开素材文件 "exb\第 7 章\7-14.exb",如图 7-48 所示。

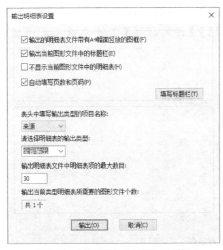

图7-48　素材文件

2. 执行输出明细表命令,弹出【输出明细表设置】对话框,按图 7-49 所示进行设置。
3. 单击 输出(O) 按钮,弹出【读入图框文件】对话框,在【系统图框】列表框中选择【A 4E-A-Normal(CHS)】,如图 7-50 所示。

图7-49　【输出明细表设置】对话框　　　　图7-50　【读入图框文件】对话框

4. 单击 导入(M) 按钮,弹出【浏览文件夹】对话框,如图 7-51 所示,然后单击 确定 按钮。

要点提示　若一张图纸容纳不下所有的明细表,则系统还会弹出图 7-50 所示的对话框,用户可输入第二张明细表的文件名称。

5. 打开刚才保存的明细表文件，可以看到输出的明细表，如图 7-52 所示。

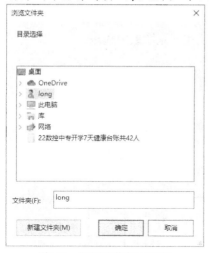

图7-51 【浏览文件夹】对话框

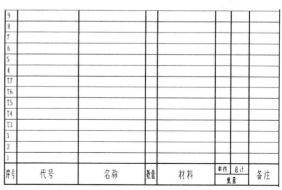

图7-52 输出的明细表

7.5.6 数据库操作

利用数据库操作功能可以对当前明细表的关联数据库进行设置，也可以将内容单独保存在数据库文件中。

1. 命令启动方法

- 菜单命令：【幅面】/【明细表】/【数据库操作】。
- 选项卡：【图幅】选项卡中【明细表】面板上的 数据库 按钮。

2. 操作步骤

1. 执行数据库操作命令，弹出【数据库操作】对话框，如图 7-53 所示。在该对话框中，【功能】分组框包括【自动更新设置】【输出数据】【读入数据】3 个单选项，这里选择【自动更新设置】单选项。

图7-53 【数据库操作】对话框

2. 在【数据库路径】分组框中，可以单击 按钮，选择数据库路径，也可以在【数据库表名】下拉列表框中直接输入文件名称以建立新的数据库。

3. 设置完成后单击 确定 按钮。

7.6 综合练习

【练习7-15】： 绘制零件，并根据零件大小进行适当的图幅设置，然后调入图框和标题栏并填写标题栏，结果如图 7-54 所示。

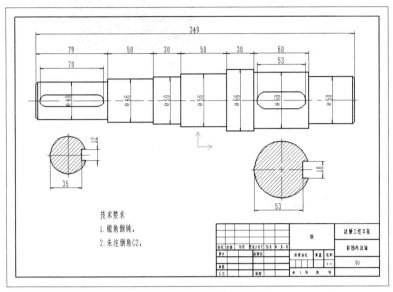

图7-54 综合练习

1. 绘制轴的定位线及左端面线，然后绘制各轴段，结果如图 7-55 所示。

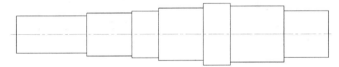

图7-55 绘制各轴段

2. 倒角，结果如图 7-56 所示。

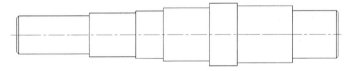

图7-56 倒角

3. 绘制剖面图并填充剖面图案，结果如图 7-57 所示。

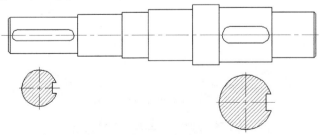

图7-57 绘制剖面图并填充剖面图案

4. 根据零件大小设置 A3 的图幅，调入 A3 图幅对应的图框，参数设置如图 7-58 所示。

185

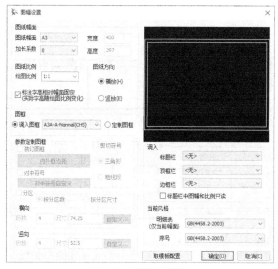

图7-58 设置图幅参数

5. 调入图框，结果如图 7-59 所示。

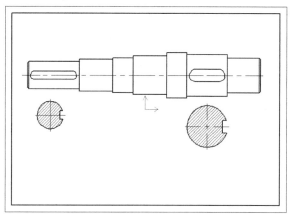

图7-59 调入图框

6. 调入标题栏，参数设置如图 7-60 所示，结果如图 7-61 所示。

图7-60 设置标题栏参数

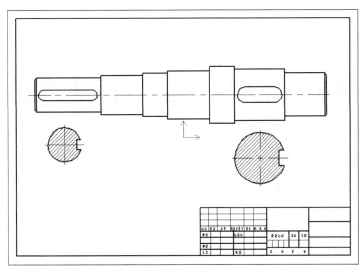

图7-61 调入标题栏

7. 将轴及其剖面图移动到图框中的合适位置，填写标题栏和技术要求，并标注尺寸，最终结果如图 7-54 所示。

7.7 习题

1. 定义图纸幅面，然后定义图纸方向，最后调入标题栏，创建完整的图框，结果如图 7-62 所示。

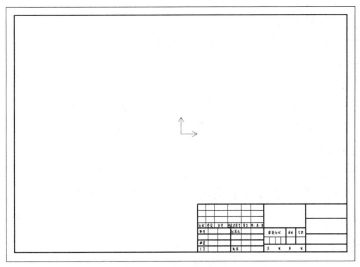

图7-62 调入图框和标题栏

2. 调入一个图纸幅面为横放的 A3，绘图比例为 1：2 的图框，并调入国标标题栏。

第8章 工程标注与标注编辑

【学习目标】
- 学会尺寸标注、坐标标注的方法。
- 掌握倒角标注、引出说明、特殊符号标注。
- 熟悉标注编辑、尺寸驱动。

本章主要介绍 CAXA CAD 电子图板文件的工程标注与标注编辑的方法和技巧，其中，工程标注包括尺寸标注、坐标标注、倒角标注、引出说明及特殊符号标注，标注编辑包括尺寸编辑、文字编辑、工程符号编辑。另外，还介绍了尺寸驱动。

8.1 尺寸标注

尺寸标注是标注尺寸的主体命令，尺寸类型与形式很多，系统在命令执行过程中可进行智能判别，功能如下。

(1) 根据拾取的元素不同，自动标注相应的线性尺寸、直径尺寸、半径尺寸或角度尺寸。

(2) 根据立即菜单的条件，选择基本尺寸、基准尺寸、连续尺寸及尺寸线方向。

(3) 尺寸文字可以采用拖动方式定位。

(4) 尺寸数值可以采用测量值，也可以直接输入。

1. 命令启动方法

- 命令行：dim。
- 菜单命令：【标注】/【尺寸标注】/【尺寸标注】。
- 选项卡：【常用】选项卡中【标注】面板上的 按钮。

2. 立即菜单说明

执行尺寸标注命令后，在界面左下角弹出尺寸标注的立即菜单（见图 8-1），在立即菜单【1】下拉列表中可以选择尺寸标注方式。

图8-1 尺寸标注的立即菜单

8.1.1 基本标注

基本标注是对尺寸进行标注的基本方法。CAXA CAD 电子图板具有智能尺寸标注功能，系统能够根据拾取对象来智能地判断出所需要的尺寸标注类型，然后实时地在绘图区显示出来，此时用户可以根据需要来确定最后的标注形式与定位点。系统将根据十字光标拾取的对象来进行相应的尺寸标注。

【练习8-1】： 打开素材文件"exb\第 8 章\8-1.exb"，如图 8-2 左图所示，标注尺寸，结果如图 8-2 右图所示。

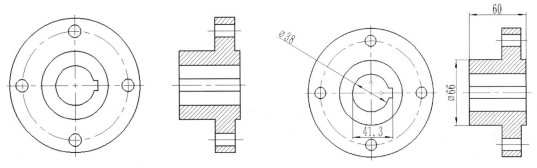

图8-2　标注尺寸

1.　标注 φ38 的圆。

执行尺寸标注命令，在立即菜单【1】下拉列表中选择【基本标注】选项，此时命令行
提示如下。

　　　拾取标注元素或点取第一点：　　　　　　//选择 φ38 的圆上的任意一点

　　　拾取另一个标注元素或指定尺寸线位置：　//移动十字光标把尺寸数字放到合适的位置后单击
完成 φ38 的圆的标注。

2.　标注距离 41.3。

执行尺寸标注命令，在立即菜单【1】下拉列表中选择【基本标注】选项，此时命令行
提示如下。

　　　拾取标注元素或点取第一点：　　　　　　//按空格键，弹出工具点菜单（见图 8-3），选择【交
　　　　　　　　　　　　　　　　　　　　　　点】命令，然后单击图 8-4 中的第一点

　　　拾取另一个标注元素或点取第二点：　　　//按空格键，在弹出的工具点菜单中选择【交点】命
　　　　　　　　　　　　　　　　　　　　　　令，然后单击图 8-4 中的第二点

　尺寸线位置：　　　　　　　　　　　　　　//移动十字光标到合适位置后单击

| 屏幕点(S) |
| 端点(E) |
| 中点(M) |
| 两点之间的中点(B) |
| 圆心(C) |
| 节点(D) |
| 象限点(Q) |
| 交点(I) |
| 插入点(R) |
| 垂足点(P) |
| 切点(T) |
| 最近点(N) |

图8-3　工具点菜单

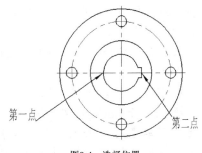

图8-4　选择位置

3.　标注尺寸 φ66。

(1)　执行尺寸标注命令，在立即菜单【1】下拉列表中选择【基本标注】选项，此时命令行
提示如下。

　　　拾取标注元素或点取第一点：　　　　　　　　　//单击 φ66 上边线的左侧端点

　　　拾取另一个标注元素或点取第二点：　　　　　　//单击 φ66 下边线的左侧端点

(2)　在立即菜单【3】下拉列表中选择【直径】选项，移动十字光标将尺寸数字放到合适的

位置，然后单击，即可完成标注。

4. 标注尺寸 60。

(1) 执行尺寸标注命令，在立即菜单【1】下拉列表中选择【基本标注】选项，此时命令行提示如下。

　　　　拾取标注元素或点取第一点：　　　　　　　　//单击 60 边线的左端点

　　　　拾取另一个标注元素或点取第二点：　　　　　//单击 60 边线的右端点

(2) 在立即菜单【3】下拉列表中选择【长度】选项，移动十字光标将尺寸数字放到合适的位置，然后单击，结果如图 8-2 右图所示。

【练习8-2】：　　打开素材文件"exb\第 8 章\8-2.exb"，如图 8-5 左图所示，标注尺寸，结果如图 8-5 右图所示。

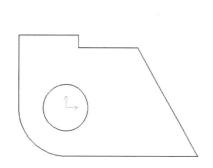 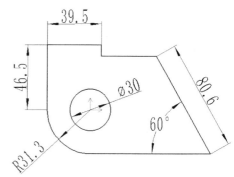

图8-5　标注尺寸

1. 标注 ϕ30 的圆。

(1) 执行尺寸标注命令，在立即菜单【1】下拉列表中选择【基本标注】选项，此时命令行提示如下。

　　　　拾取标注元素或点取第一点：　　　　　　　　//单击 ϕ30 的圆上的任意一点

　　　　拾取另一个标注元素或指定尺寸线位置：

(2) 在立即菜单【3】下拉列表中选择【直径】选项，移动十字光标把尺寸数字放到合适的位置，然后单击，完成尺寸 ϕ30 的标注。

2. 标注 R31.3 的圆弧。

(1) 执行尺寸标注命令，在立即菜单【1】下拉列表中选择【基本标注】选项，此时命令行提示如下。

　　　　拾取标注元素或点取第一点：　　　　　　　　//单击 R31.3 的圆弧上的任意一点

　　　　拾取另一个标注元素或指定尺寸线位置：

(2) 在立即菜单【3】下拉列表中选择【半径】选项，移动十字光标把尺寸数字放到合适的位置，然后单击，完成尺寸 R31.3 的标注。

3. 标注尺寸 46.5。

(1) 执行尺寸标注命令，在立即菜单【1】下拉列表中选择【基本标注】选项，此时命令行提示如下。

　　　　拾取标注元素或点取第一点：　　　　　　　　//单击尺寸 46.5 的上端点

　　　　拾取另一个标注元素或点取第二点：　　　　　//单击尺寸 46.5 的下端点

(2) 在立即菜单【2】下拉列表中选择【文字平行】选项，在【3】下拉列表中选择【长度】选项，在【4】下拉列表中选择【平行】选项，在【5】下拉列表中选择【文字居中】选项，移动十字光标到合适位置，然后单击，完成尺寸 46.5 的标注。

4.   使用与步骤 3 相同的方法标注尺寸 39.5 和 80.6。

5.   标注尺寸 60°。

(1)   执行尺寸标注命令，在立即菜单【1】下拉列表中选择【基本标注】选项，此时命令行提示如下。

    拾取标注元素或点取第一点：   //选择 60°角上边

    拾取另一个标注元素或指定尺寸线位置：   //选择 60°角下边

(2)   在立即菜单【2】下拉列表中选择【默认位置】选项，在【3】下拉列表中选择【文字水平】选项，在【4】下拉列表中选择【度】选项，在【5】下拉列表中选择【文字居中】选项，移动十字光标到合适位置，然后单击，完成尺寸 60°的标注，结果如图 8-5右图所示。

> 要点提示   当标注直径时，尺寸数值前自动带前缀 "φ"；当标注半径时，尺寸数值前自动带前缀 "R"。

8.1.2   尺寸公差标注

标注尺寸公差有以下两种方法。

1.   双击弹出菜单法

双击要标注公差的尺寸，弹出图 8-6 所示的【尺寸标注属性设置(请注意各项内容是否正确)】对话框。在该对话框中，系统自动给出了图形元素的基本尺寸及相应的上偏差、下偏差，但是用户可以任意改变它们的值，并根据需要填写公差代号和尺寸的前缀、后缀。用户还可以改变公差的输入、输出形式（代号、数值），以满足不同的标注需求。

图8-6   【尺寸属性设置(请注意各项内容是否正确)】对话框

【尺寸标注属性设置(请注意各项内容是否正确)】对话框中主要选项的含义如下。

(1)   【基本信息】分组框。

- 【基本尺寸】文本框：默认为实际测量值，用户也可以输入数值。
- 【前缀】【后缀】：输入尺寸数值前后的符号。

(2)   【标注风格】分组框。

- 【使用风格】下拉列表：有【标准】【GB_尺寸】【GB_引出说明（1984）】

【GB_锥度（2003）】4 种标注风格。用户也可以通过单击右侧的 标注风格... 按钮，在弹出的【标注风格设置】对话框（见图8-7）中新建、编辑标注风格。

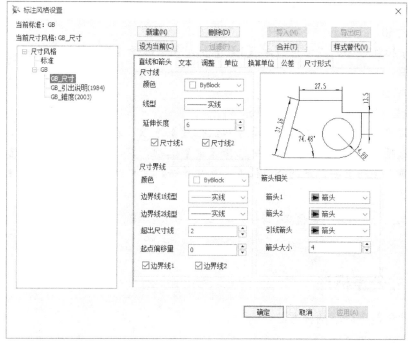

图8-7　【标注风格设置】对话框

- 【箭头反向】复选框：设置标注箭头是否反向。
- 【文字边框】复选框：设置文字是否带边框。

(3) 【公差与配合】分组框。

- 【输入形式】下拉列表：有【代号】【偏差】【配合】【对称】4 个选项。当选择【代号】选项时，系统将自动根据【公差代号】文本框中的公差代号计算出上偏差、下偏差，并分别显示在【上偏差】【下偏差】文本框中。
- 【上偏差】【下偏差】文本框：当在【输入形式】下拉列表中选择【代号】选项时，可以在这两个文本框中显示系统自动根据公差代号查询出的上偏差、下偏差的值；当选择【偏差】选项时，用户可以在【上偏差】【下偏差】文本框中输入上偏差、下偏差的值。
- 【公差代号】文本框：当在【输入形式】下拉列表中选择【代号】选项时，可以在该文本框中输入公差代号，如 "k7" "H8" 等，系统将自动根据公差代号计算出上偏差、下偏差，并分别显示在【上偏差】【下偏差】文本框中；当选择【配合】选项时，在该文本框中可以输入配合的符号，如 "H7／k6" 等。
- 【输出形式】下拉列表：有【代号】【偏差】【(偏差)】【代号(偏差)】【极限尺寸】5 个选项。当选择【代号】选项时，标注公差代号，如 "k7" "H8" 等；当选择【偏差】选项时，标注上偏差、下偏差的值；当选择【(偏差)】选项时，标注带括号的上偏差、下偏差的值；当选择【代号(偏差)】选项时，同时标注代号和上偏差、下偏差的值；当选择【极限尺寸】选项时，标注最大极限尺寸和最小极限尺寸的值。

2. 立即菜单法

用户也可以在立即菜单中用输入特殊符号的方式标注公差。

- 直径符号：用符号 "%c" 表示。例如，输入 "%c40"，则标注为 "ϕ40"。
- 角度符号：用符号 "%d" 表示。例如，输入 "40%d"，则标注为 "40°"。
- 公差符号：用符号 "%p" 表示。例如，输入 "40%p0.5"，则标注为 "40 ± 0.5"。

【练习8-3】： 打开素材文件 "exb\第 8 章\8-3.exb"，如图 8-8 左图所示，标注尺寸公差，结果如图 8-8 右图所示。

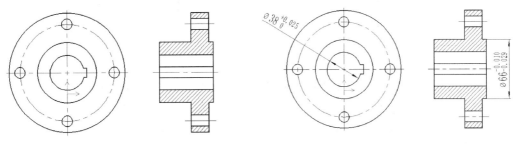

图8-8 标注尺寸公差

1. 双击尺寸 ϕ38，弹出【尺寸标注属性设置(请注意各项内容是否正确)】对话框，在【输入形式】下拉列表中选择【偏差】选项，在【上偏差】文本框中输入 "0.025"，在【下偏差】文本框中输入 "0"，如图 8-9 所示，然后单击 确定(O) 按钮。

图8-9 【尺寸标注属性设置(请注意各项内容是否正确)】对话框

2. 双击尺寸 ϕ66，弹出【尺寸标注属性设置(请注意各项内容是否正确)】对话框，在【输入形式】下拉列表中选择【偏差】选项，在【上偏差】文本框中输入 " – 0.010"，在【下偏差】文本框中输入 " – 0.029"，然后单击 确定(O) 按钮，结果如图 8-8 右图所示。

8.1.3 基线标注

基线标注功能用于以已知尺寸边界或已知点为基准标注其他尺寸。

1. 拾取一个已标注的线性尺寸

【练习8-4】： 打开素材文件 "exb\第 8 章\8-4.exb"，如图 8-10 左图所示，标注尺寸，结果如图 8-10 右图所示。

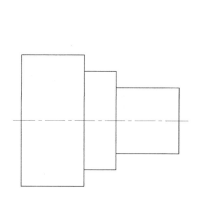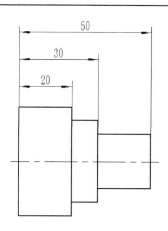

图8-10 基线标注

1. 执行尺寸标注命令后，在立即菜单【1】下拉列表中选择【基线标注】选项。
2. 此时命令行提示如下。

> 拾取线性尺寸或第一引出点：   //单击点 A，如图 8-11 所示
> 拾取第二引出点：   //单击点 B
> 尺寸线位置：   //在线段 AB 的上方单击一点
> 拾取第二引出点：   //单击点 C
> 拾取第二引出点：   //单击点 D，然后按 Esc 键

结果如图 8-10 右图所示。

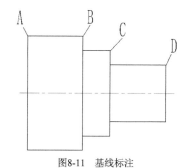

图8-11 基线标注

3. 单击点 A 后的立即菜单如图 8-12 所示，本练习采用默认设置，用户也可以根据需要设置参数。

| 1. 普通基线标注 ▾ | 2. 文字平行 ▾ | 3. 正交 ▾ | 4.前缀 | 5.后缀 | 6.基本尺寸 |

图8-12 立即菜单设置

2. 拾取点

拾取的第一点将作为基准尺寸的第一引出点，然后确定第二引出点和尺寸线定位点，所生成的尺寸将作为下一个尺寸的基准尺寸。命令行接着提示"拾取第二引出点"，继续拾取第二引出点，重复操作，即可进行一系列标注。

8.1.4 连续标注

连续标注功能用于将前一个生成的尺寸作为下一个尺寸的基准进行标注。

【练习8-5】：　打开素材文件"exb\第 8 章\8-5.exb"，标注尺寸，结果如图 8-13 所示。

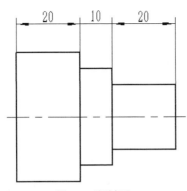

图8-13　连续标注

1.　执行尺寸标注命令，在立即菜单【1】下拉列表中选择【连续标注】选项。

2.　此时命令行提示如下。

　　　　拾取线性尺寸或第一引出点：　　　//单击点 A，如图 8-14 所示
　　　　拾取第二引出点：　　　　　　　　//单击点 B
　　　　尺寸线位置：　　　　　　　　　　//在线段 AB 的上方单击一点
　　　　拾取第二引出点：　　　　　　　　//单击点 C
　　　　拾取第二引出点：　　　　　　　　//单击点 D，然后按 Esc 键

　　结果如图 8-13 所示。

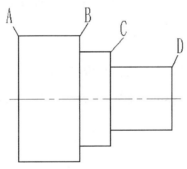

图8-14　单击点的位置

3.　单击点 A 后的立即菜单如图 8-15 所示，本练习采用默认参数，用户也可以根据需要设置参数。

| 1. 连续标注 ▾ | 2. 文字平行 ▾ | 3. 正交 | 4.前缀 | 5.后缀 | 6.基本尺寸 |

图8-15　立即菜单设置

8.1.5　三点角度标注

三点角度标注功能用于标注三点形成的角度。

【练习8-6】：　打开素材文件"exb\第 8 章\8-6.exb"，如图 8-16 左图所示，标注角度，结果如图 8-16 右图所示。

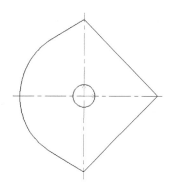

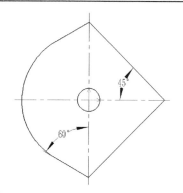

图8-16 三点角度标注

1. 执行尺寸标注命令，在立即菜单【1】下拉列表中选择【三点角度标注】选项，在【3】下拉列表中选择【度】选项，其余选项设置如图 8-17 所示。

1. 三点角度标注 ▾	2.文字水平 ▾	3. 度 ▾	4.文字居中 ▾	5.前缀	6.后缀	7.基本尺寸

图8-17 立即菜单设置

2. 此时命令行提示如下。

    顶点：   //选择 60°角的顶点

    第一点：   //选择 60°角一条边上的一点

    第二点：   //选择 60°角另一条边上的一点

    尺寸线位置：   //在合适的位置单击

3. 使用相同的方法标注角度 45°，结果如图 8-16 右图所示。

8.1.6 角度连续标注

角度连续标注功能用于将前一个生成的角度尺寸作为下一个角度尺寸的基准进行标注。

【练习8-7】： 打开素材文件 "exb\第 8 章\8-7.exb"，连续标注角度，结果如图 8-18 所示。

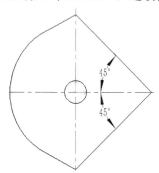

图8-18 角度连续标注

1. 执行尺寸标注命令，在立即菜单【1】下拉列表中选择【角度连续标注】选项。

2. 此时命令行提示如下。

        拾取第一个标注元素或角度尺寸：   //选择下方 45°角的下边

        拾取另一条直线：   //选择下方 45°角的上边

        尺寸线位置：   //在合适的位置单击

        尺寸线位置：   //选择上方 45°角的上边

尺寸线位置：　　　　　　　　　　　　　　　　//按 Esc 键

结果如图 8-18 所示。

8.1.7　半标注

利用半标注功能可进行只有一半尺寸线的标注，通常包括半剖视图尺寸标注等国标规定的尺寸标注。

【练习8-8】：　打开素材文件"exb\第 8 章\8-8.exb"，半标注矩形，结果如图 8-19 所示。

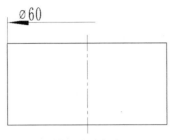

图8-19　半标注

1. 执行尺寸标注命令，在立即菜单【1】下拉列表中选择【半标注】选项，其余选项设置如图 8-20 所示。

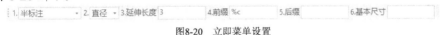

图8-20　立即菜单设置

2. 此时命令行提示如下。

　　　　拾取直线或第一点：　　　　　　　　//选择图 8-21 中的第一条直线
　　　　拾取与第一条直线平行的直线或第二点：　//选择第二条直线
　　　　尺寸线位置：　　　　　　　　　　　//在合适的位置单击

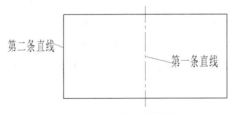

图8-21　半标注选择的直线

3. 按 Esc 键完成操作，结果如图 8-19 所示。

要点提示　半标注的尺寸界线引出点总是从第二次拾取的元素上引出，尺寸线箭头指向尺寸界线。

8.1.8　大圆弧标注

大圆弧标注功能用于标注半径较大的圆弧。这是一种比较特殊的尺寸标注，国标中对其尺寸的标注也做出了规定。CAXA CAD 电子图板就是按照国标的规定进行标注的。

【练习8-9】：　打开素材文件"exb\第 8 章\8-9.exb"，标注大圆弧，结果如图 8-22 所示。

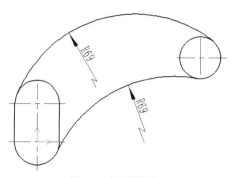

图8-22　大圆弧标注

1. 执行尺寸标注命令，在立即菜单【1】下拉列表中选择【大圆弧标注】选项，立即菜单设置如图 8-23 所示。

图8-23　立即菜单设置

2. 此时命令行提示如下。

拾取圆弧：　　　　　　　　　　　　//选择圆弧 R69
第一引出点：　　　　　　　　　　　//单击第一引出点，如图 8-24 所示
第二引出点：　　　　　　　　　　　//单击第二引出点
定位点：　　　　　　　　　　　　　//单击定位点，然后右击

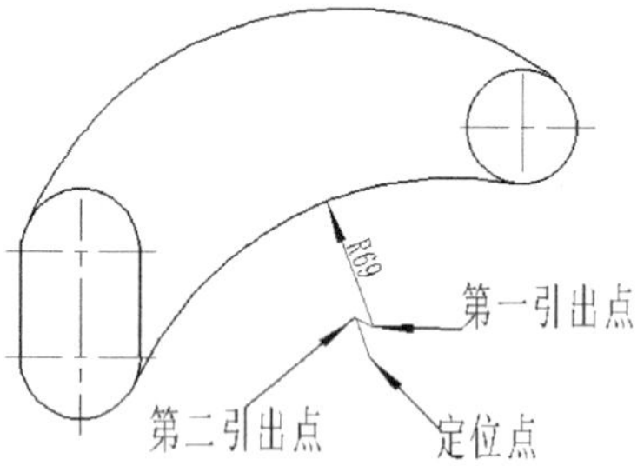

图8-24　大圆弧标注的引出点和定位点

3. 使用相同的方法完成第二段圆弧的标注，结果如图 8-22 所示。

8.1.9　射线标注

射线标注功能用于以射线形式标注两点距离。

【练习8-10】：打开素材文件"exb\第 8 章\8-10.exb"，进行射线标注，结果如图 8-25 所示。

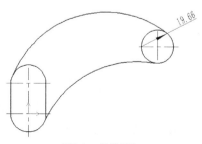

图8-25　射线标注

1. 执行尺寸标注命令，在立即菜单【1】下拉列表中选择【射线标注】选项。
2. 此时命令行提示如下。

    第一点：　　　　　　　　　　//选择图 8-26 中的第一点
    第二点：　　　　　　　　　　//选择第二点
    定位点：　　　　　　　　　　//在合适的位置单击
    结果如图 8-25 所示。

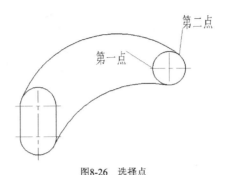

图8-26　选择点

8.1.10　锥度标注

锥度标注功能用于标注图形的锥度。CAXA CAD 电子图板的锥度标注功能与其他 CAD 软件相比，大大简化了标注过程。

【练习8-11】：　打开素材文件"exb\第 8 章\8-11.exb"，对轴进行锥度标注，结果如图 8-27 所示。

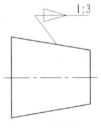

图8-27　锥度标注

1. 执行尺寸标注命令，在立即菜单【1】下拉列表中选择【锥度/斜度标注】选项，其余选项设置如图 8-28 所示。

图8-28　立即菜单设置

2. 此时命令行提示如下。

    拾取轴线：　　　　　　　　　//选择轴线
    拾取直线：　　　　　　　　　//选择上边斜线
    定位点：　　　　　　　　　　//在合适的位置单击
    结果如图 8-27 所示。

8.1.11 曲率半径标注

曲率半径标注用于标注样条的曲率半径。

【练习8-12】： 打开素材文件"exb\第 8 章\8-12.exb"，对样条曲线进行曲率半径标注，结果如图 8-29 所示。

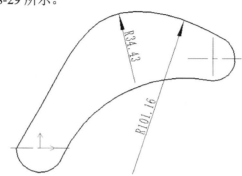

图8-29 曲率半径标注

1. 执行尺寸标注命令，在立即菜单【1】下拉列表中选择【曲率半径标注】选项，其他参数设置如图 8-30 所示。

| 1. 曲率半径标注 ▾ | 2. 文字平行 ▾ | 3. 文字居中 ▾ | 4. 最大曲率半径 10000 |

图8-30 立即菜单设置

2. 此时命令行提示如下。

拾取标注元素或点取第一点：　　　　　　　　　　　//选择图形上面的圆弧

尺寸线位置：　　　　　　　　　　　　　　　　　//移动十字光标到合适的位置后单击

3. 使用相同的方法完成另一段样条曲线的标注，结果如图 8-29 所示。

要点提示 同一条样条曲线上的曲率半径是不同的。

8.2 坐标标注

坐标标注功能主要用来标注原点、选定点或圆心（孔位）的坐标。

1. **命令启动方法**

- 命令行：dimco。
- 菜单命令：【标注】/【坐标标注】/【坐标标注】。
- 工具栏：【标注】工具栏中的 按钮。
- 选项卡：【常用】选项卡中【标注】面板上的 按钮。

2. **立即菜单说明**

执行坐标标注命令后，在界面左下角弹出坐标标注的立即菜单，在【1】下拉列表中可以选择坐标标注方式，如图 8-31 所示。

图8-31 坐标标注的立即菜单

8.2.1 原点标注

原点标注功能用于标注当前工作坐标系原点的 x 坐标和 y 坐标。

【**练习8-13**】： 打开素材文件"exb\第 8 章\8-13.exb",对图形原点进行标注,结果如图 8-32 所示。

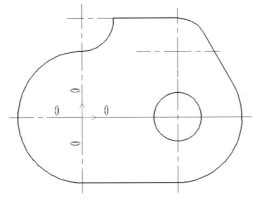

图8-32 原点标注

1. 执行坐标标注命令,在立即菜单【1】下拉列表中选择【原点标注】选项,其余选项设置如图 8-33 所示。

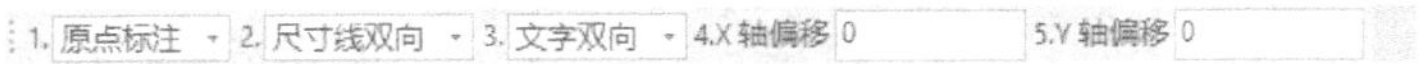

> 1. 原点标注 ▾ 2. 尺寸线双向 ▾ 3. 文字双向 ▾ 4.X 轴偏移 0 5.Y 轴偏移 0

图8-33 立即菜单设置

2. 此时命令行提示如下。

第二点或长度:	//单击水平方向上一点
第二点或长度:	//单击垂直方向上一点

结果如图 8-32 所示。

原点标注的格式通过设置立即菜单中对应的选项来确定,立即菜单中主要选项的含义如下。

- 【尺寸线双向】/【尺寸线单向】:尺寸线双向是指尺寸线从原点出发,分别向坐标轴的两端延伸;尺寸线单向是指尺寸线从原点出发,向坐标轴靠近拖动点的一端延伸。
- 【文字双向】/【文字单向】:当尺寸线双向时,文字双向是指在尺寸线两端均标注尺寸;文字单向是指仅在靠近拖动点的一端标注尺寸。
- 【X 轴偏移】:原点的 x 坐标。
- 【Y 轴偏移】:原点的 y 坐标。

8.2.2 快速标注

标注当前坐标系下任一标注点的 x 坐标值或 y 坐标值。

【练习8-14】：打开素材文件"exb\第 8 章\8-14.exb"，对指定的标注点进行快速标注，结果如图 8-34 所示。

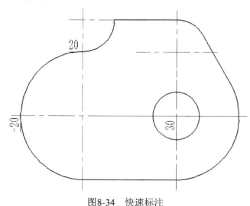

图8-34 快速标注

1. 执行坐标标注命令，在立即菜单【1】下拉列表中选择【快速标注】选项，其余选项设置如图 8-35 所示。

| 1. 快速标注 ▼ | 2. 正负号 ▼ | 3. 绘制原点坐标 ▼ | 4. Y 坐标 ▼ | 5. 延伸长度 3 | 6. 前缀 | 7. 后缀 | 8. 基本尺寸 计算尺寸 |

图8-35 立即菜单设置

2. 此时命令行提示如下。

　　指定原点（指定点或拾取已有坐标标注）：　　　　　　　//单击原点

　　标注点：　　　　　　　　　　　　　　　　　　　//单击标注点 B，如图 8-36 所示

3. 在立即菜单【4】下拉列表中选择【X 坐标】选项，此时命令行提示如下。

　　标注点：　　　　　　　　　　　　　　　　　　　//单击标注点 A，如图 8-36 所示

　　标注点：　　　　　　　　　　　　　　　　　　　//单击标注点 C

结果如图 8-34 所示。

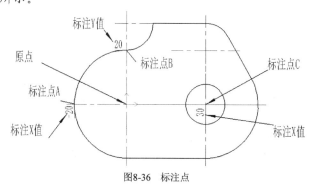

图8-36 标注点

8.2.3 自由标注

标注当前坐标系下任一标注点的 x 坐标值或 y 坐标值，尺寸文字的定位点要临时指定。

【**练习8-15**】： 打开素材文件"exb\第 8 章\8-15.exb"，对点进行自由标注，结果如图 8-37 所示。

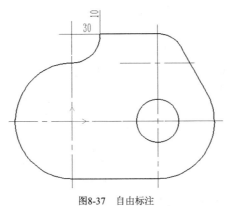

图8-37 自由标注

1. 执行坐标标注命令，在立即菜单【1】下拉列表中选择【自由标注】选项，立即菜单设置如图 8-38 所示。

1.自由标注 ▾	2.正负号 ▾	3.绘制原点坐标 ▾	4.前缀	5.后缀	6.基本尺寸 计算尺寸

图8-38 立即菜单设置

2. 此时命令行提示如下。

指定原点（指定点或拾取已有坐标标注）：	//单击图 8-39 中的原点
标注点：	//单击标注点
定位点：	//水平移动十字光标，在合适的位置单击
标注点：	//单击标注点
定位点：	//垂直移动十字光标，在合适的位置单击

结果如图 8-37 所示。

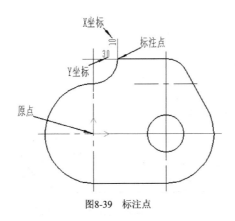

图8-39 标注点

8.2.4 对齐标注

利用对齐标注可以创建一组以第一个坐标标注为基准，尺寸线平行、尺寸文字对齐的标注。

【**练习8-16**】： 打开素材文件"exb\第 8 章\8-16.exb"，对点进行对齐标注，结果如图 8-40 所示。

22.5
30
37.5
50

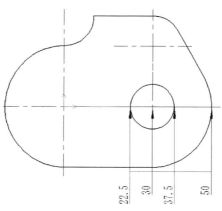

图8-40　对齐标注

1. 执行坐标标注命令，在立即菜单【1】下拉列表中选择【对齐标注】选项，弹出对齐标注立即菜单，如图 8-41 所示。

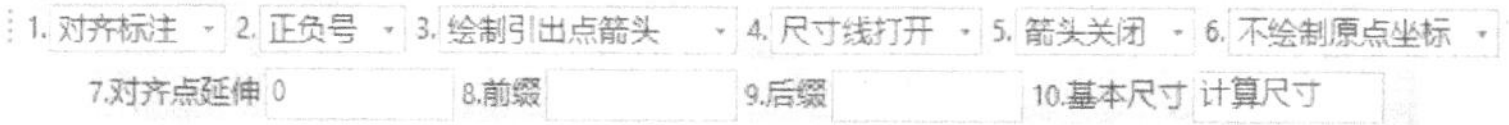

1. 对齐标注
2. 正负号
3. 绘制引出点箭头
4. 尺寸线打开
5. 箭头关闭
6. 不绘制原点坐标
7.对齐点延伸 0
8.前缀
9.后缀
10.基本尺寸 计算尺寸

图8-41　立即菜单设置

2. 此时命令行提示如下。

指定原点（指定点或拾取已有坐标标注）:	//单击原点
标注点:	//单击图 8-42 中的第 1 点
定位点:	//向下移动十字光标，在合适的位置单击
标注点:	//单击第 2 点
标注点:	//单击第 3 点
标注点:	//单击第 4 点，然后按 Esc 键

结果如图 8-40 所示。

原点
第1点
第4点
第2点
第3点

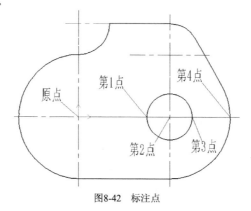

图8-42　标注点

8.2.5 孔位标注

孔位标注功能用于标注圆心或一个点的 *x* 坐标、*y* 坐标。

【练习8-17】：打开素材文件“exb\第 8 章\8-17.exb”，对图形进行孔位标注，结果如图 8-43 所示。

30
20
0
30

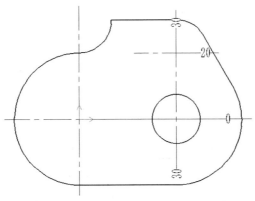

图8-43　孔位标注

1. 执行坐标标注命令，在立即菜单【1】下拉列表中选择【孔位标注】选项，此时的立即菜单如图 8-44 所示。

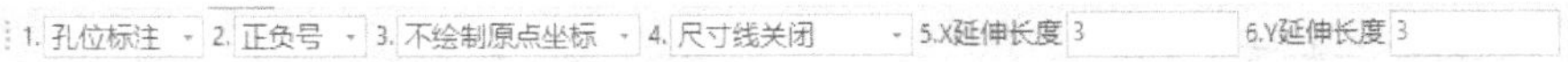

1. 孔位标注
2. 正负号
3. 不绘制原点坐标
4. 尺寸线关闭
5.X延伸长度 3
6.Y延伸长度 3

图8-44　立即菜单设置

2. 此时命令行提示如下。

指定原点（指定点或拾取已有坐标标注）：　　//单击原点

拾取圆或点：　　//单击图 8-45 中的第一个标注孔位

拾取圆或点：　　//单击第二个标注孔位，然后按 Enter 键

结果如图 8-43 所示。

第二个标注孔位
原点
20
30
0
第一个标注孔位
30

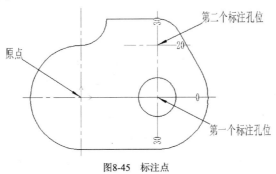

图8-45　标注点

8.2.6 引出标注

引出标注功能用于在坐标标注中尺寸线或文字过于密集时，将数值标注引出来。

执行坐标标注命令，在立即菜单【1】下拉列表中选择【引出标注】选项，弹出引出标注的立即菜单，如图 8-46 所示。在立即菜单【4】下拉列表中可以选择引出标注的方式为“自动打折”或“手工打折”。

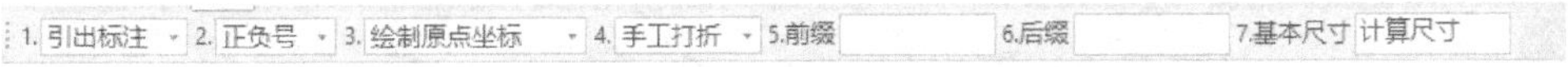

1. 引出标注
2. 正负号
3. 绘制原点坐标
4. 手工打折
5.前缀
6.后缀
7.基本尺寸 计算尺寸

图8-46　引出标注的立即菜单

【练习8-18】：打开素材文件“exb\第 8 章\8-18.exb”，以自动打折的方式进行引出标注，结果如图 8-47 所示。

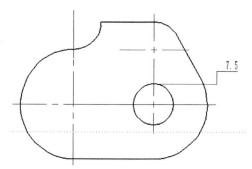

图8-47　以自动打折的方式引出标注

1. 执行坐标标注命令，在立即菜单【1】下拉列表中选择【引出标注】选项，在【4】下拉列表中选择【自动打折】选项，其余选项设置如图 8-48 所示。

| 1.引出标注 ▾ | 2.正负号 ▾ | 3.绘制原点坐标 ▾ | 4.自动打折 ▾ | 5.顺折 ▾ | 6.L 5 | 7.H 5 | 8.前缀 | 9.后缀 | 10.基本尺寸 计算尺寸 |

图8-48　立即菜单设置

2. 此时命令行提示如下。

  指定原点（指定点或拾取已有坐标标注）：   //单击坐标原点

  标注点：   //单击图 8-49 中的标注点

  引出点：   //向右移动十字光标，在合适的位置单击

结果如图 8-47 所示。

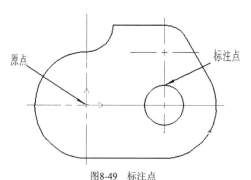

图8-49　标注点

【练习8-19】： 打开素材文件"exb\第 8 章\8-19.exb"，以手工打折的方式进行引出标注，结果如图 8-50 所示。

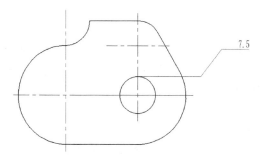

图8-50　以手工打折的方式引出标注

1. 执行坐标标注命令，在立即菜单【1】下拉列表中选择【引出标注】选项，在【4】下拉列表中选择【手工打折】选项，其余选项设置如图 8-51 所示。

| 1.引出标注 ▼ | 2.正负号 ▼ | 3.绘制原点坐标 ▼ | 4.手工打折 ▼ | 5.前缀 | 6.后缀 | 7.基本尺寸 计算尺寸 |

图8-51　立即菜单设置

2.　此时命令行提示如下。

指定原点（指定点或拾取已有坐标标注）：	//单击原点
标注点：	//选择图 8-52 中的标注点
引出点：	//向右移动十字光标，在合适的位置单击
第二引出点：	//向右上方移动十字光标，在合适的位置单击
定位点：	//向右移动十字光标，在合适的位置单击

结果如图 8-50 所示。

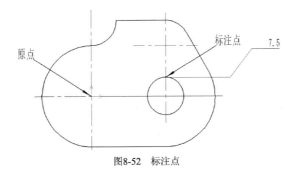

图8-52　标注点

8.2.7　自动列表标注

利用自动列表标注功能可以以表格方式列出标注点、圆心或样条插值点的坐标。

【练习8-20】：　打开素材文件"exb\第 8 章\8-20.exb"，对图中的点、圆、圆弧及样条进行坐标标注，结果如图 8-53 所示。

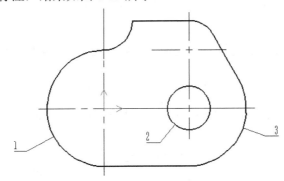

	PX	PY	∅
1	0.00	0.00	40.00
2	30.00	-0.00	15.00
3	30.00	-0.00	40.00

图8-53　点标注

1.　执行坐标标注命令，在立即菜单【1】下拉列表中选择【自动列表】选项，其余选项设置如图 8-54 所示。

| 1.自动列表 ▼ | 2.正负号 ▼ | 3.加引线 ▼ | 4.不标识原点 ▼ |

图8-54　立即菜单设置

2. 此时命令行提示如下。

拾取标注点或圆弧或样条：	//选择左侧的第 1 段圆弧
序号插入点：	//在合适的位置单击
拾取标注点或圆弧或样条：	//选择小圆 2
序号插入点：	//在合适的位置单击
拾取标注点或圆弧或样条：	//选择右侧的第 3 段圆弧
序号插入点：	//在合适的位置单击
拾取标注点或圆弧或样条：	//右击
定位点：	//在图形下方合适的位置单击

结果如图 8-53 所示。

8.3 倒角与引线

倒角标注功能用于标注图纸中的倒角尺寸。引出说明功能用于标注引出注释，引出说明由文字和引线两部分组成，文字可以为西文或中文。

8.3.1 倒角标注

倒角标注的具体介绍如下。

1. **命令启动方法**

- 命令行：dimch。
- 菜单命令:【标注】/【倒角标注】。
- 选项卡:【常用】选项卡中【标注】面板的下拉菜单中的 倒角标注 按钮，或者【标注】选项卡中【符号】面板上的 倒角标注 按钮。

2. **立即菜单说明**

执行倒角标注命令后，在界面左下角弹出倒角标注的立即菜单，如图 8-55 所示。

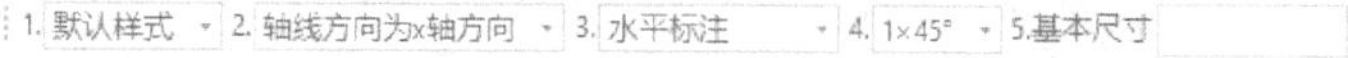

| 1. 默认样式 · | 2. 轴线方向为x轴方向 · | 3. 水平标注 · | 4. 1×45° · | 5. 基本尺寸 |

图8-55 倒角标注的立即菜单

【练习8-21】： 打开素材文件"exb\第 8 章\8-21.exb"，对螺纹孔进行倒角标注，结果如图 8-56 所示。

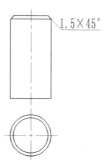

1.5×45°

图8-56 倒角标注

1. 执行倒角标注命令，立即菜单设置如图 8-55 所示。

2.　此时命令行提示如下。

　　　　拾取倒角线：　　　　　　　　　　　　　　//选择倒角的斜线

　　　　尺寸线位置：　　　　　　　　　　　　　　//在合适的位置单击

　　结果如图 8-56 所示。

> **要点提示**　如果在立即菜单【2】下拉列表中选择了【拾取轴线】选项，则根据命令行提示先拾取轴线，然后拾取标注直线。

8.3.2　引出说明

用于标注引出注释，由文字和引出线组成。

命令启动方法

- 命令行：ldtext。
- 菜单命令：【标注】/【引出说明】。
- 选项卡：【常用】选项卡中【标注】面板的下拉菜单中的 ⌐ᴬ引出说明 按钮，或者【标注】选项卡中【符号】面板上的 ⌐ᴬ引出说明 按钮。

【练习8-22】：　打开素材文件"exb\第 8 章\8-22.exb"，对螺纹孔进行引出说明，结果如图 8-57 所示。

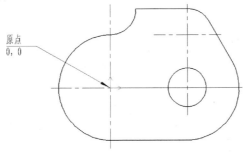

图8-57　引出说明

1.　执行引出说明命令，系统弹出【引出说明】对话框，如图 8-58 所示。在该对话框中输入说明性文字后单击 [　确定　] 按钮。

图8-58　【引出说明】对话框

2. 此时命令行提示如下。

拾取定位点或直线或圆弧： //单击原点
引线转折点： //在合适的位置单击
拖动确定定位点： //向左移动十字光标，然后在合适的位置单击
结果如图 8-57 所示。

8.4 形位公差标注

形位公差标注功能用于标注形状公差和位置公差。用户可以拾取一个点、线段、圆或圆弧进行形位公差标注，要拾取的线段、圆或圆弧可以是尺寸或块里的组成元素。

1. **命令启动方法**

- 命令行：fcs。
- 菜单命令：【标注】/【形位公差】。
- 选项卡：【常用】选项卡中【标注】面板的 下拉菜单中的 形位公差(G) 按钮，或者【标注】选项卡中【符号】面板上的 形位公差(G) 按钮。

2. **操作步骤**

(1) 执行形位公差命令，系统弹出图 8-59 所示的【形位公差(GB)】对话框，在该对话框中输入应标注的形位公差后，单击 确定 按钮。

图8-59 【形位公差(GB)】对话框（1）

(2) 界面左下角弹出立即菜单 1. 水平标注 · 2. 智能结束 · 3. 有基线 · ，在立即菜单【1】下拉列表中可以选择【水平标注】或【铅垂标注】选项；在【2】下拉列表中可以选择【智能结束】或【取消智能结束】选项；当选择【智能结束】选项时，在【3】下拉列表中可以选择【有基线】或【无基线】选项，然后根据命令行提示依次指定引出线的转折点和定位点即可。

用户可以在【形位公差(GB)】对话框中对需要标注的形位公差的各种选项进行详细的

设置。

①预显区：在对话框的最上方，用于显示填写与布置结果。

②【公差代号】分组框：该分组框中有多种形位公差，如 ─、◻、○、〃、⌒、◎ 等，用户单击某一按钮，即可在预显区显示相应效果。

③形位公差数值分区。

- 【公差 1】第 1 个下拉列表：选择直径符号 ϕ 或符号 S 的输出等。
- 【公差 1】文本框：用于输入形位公差数值。
- 【公差 1】第 2 个下拉列表：选择性公差后缀，共有 5 个选项，分别为【】(空)、【(-)】(只允许中间材料向内凹陷)、【(+)】(只允许中间材料向上凸起)、【(◁)】(只允许从左至右减小)、【(▷)】(只允许从左至右增加)。
- 【公差 1】第 3 个下拉列表：选择性公差后缀，共有 6 个选项，分别为【】(空)、【Ⓟ】(延伸公差带)、【Ⓜ】(最大实体要求)、【Ⓔ】(包容要求)、【Ⓛ】(最小实体要求)、【Ⓕ】(非刚性零件的自由状态条件)。

④【公差查表】分组框：在选择公差代号、输入基本尺寸和选择公差等级后自动给出公差值。

⑤【附注】分组框：单击 尺寸与配合 按钮，弹出【尺寸标注属性设置(请注意各项内容是否正确)】对话框，在该对话框中可以在形位公差处增加公差的附注。

⑥基准代号分区：该区有 3 个分组框，可以分别输入基准代号和选取相应的符号（如【Ⓜ】【Ⓔ】【Ⓛ】等）。

⑦行管理区。

- 增加行(A) 按钮：若单击此按钮，则在已标注的一行形位公差的基础上标注新行。新行的标注与第一行相同。
- 删除行(D) 按钮：若单击此按钮，则删除当前行，系统自动调整整个形位公差的标注。
- 清零(E) 按钮：若单击此按钮，则对当前行进行清除操作。
- ◁ ▷ 按钮：指示当前行的行号，若单击 ◁ 按钮，则可以删除新增加的一行；若单击 ▷ 按钮，则可以恢复新增加的一行。

【练习8-23】：打开素材文件 "exb\第 8 章\8-23.exb"，对位置进行形位公差标注，结果如图 8-60 所示。

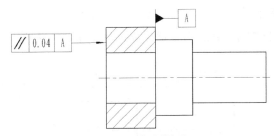

图8-60 形位公差标注

1. 执行形位公差命令，弹出【形位公差(GB)】对话框，在【公差代号】分组框中单击 // 按钮，在【公差 1】分组框的文本框中输入 "0.04"，在【基准一】分组框的文本框中输入 "A"，如图 8-61 所示，然后单击 确定(O) 按钮。

图8-61 【形位公差(GB)】对话框（2）

2. 此时命令行提示如下。

拾取定位点或直线或圆弧或圆： //选择要标注的位置

引线转折点： //移动十字光标并选择引线转折点

拖动确定标注位置： //单击确定放置位置

结果如图 8-60 所示。

8.5 粗糙度标注

粗糙度标注功能用于标注表面粗糙度代号。

命令启动方法

- 命令行：rough。
- 菜单命令：【标注】/【粗糙度】。
- 工具栏：【标注】工具栏中的 √ 按钮。
- 选项卡：【常用】选项卡【标注】面板的 下拉菜单中的 √粗糙度 按钮，或者【标注】选项卡中【符号】面板上的 √粗糙度 按钮。

【练习8-24】： 打开素材文件"exb\第 8 章\8-24.exb"，标注粗糙度，结果如图 8-62 所示。

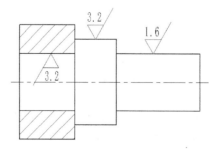

图8-62 标注粗糙度

1. 执行粗糙度命令，在立即菜单【1】下拉列表中选择【简单标注】选项，其余选项设置如图 8-63 所示。

| 1. 简单标注 ▾ | 2. 默认方式 ▾ | 3. 去除材料 ▾ | 4.数值 3.2 | 5. ▾ |

图8-63　立即菜单设置

2. 此时命令行提示如下。

拾取定位点或直线或圆弧或圆：	//选择左侧孔的位置
拖动确定标注位置：	//在合适的位置单击
拾取定位点或直线或圆弧或圆：	//选择中间轴的位置
拖动确定标注位置：	//在合适的位置单击

3. 在立即菜单【4.数值】文本框中修改数值为"1.6"，命令行提示如下。

| 拾取定位点或直线或圆弧或圆： | //选择右侧轴的位置 |
| 拖动确定标注位置： | //在合适的位置单击 |

结果如图 8-62 所示。

若采用标准标注的方式标注粗糙度，则此时的立即菜单如图 8-64 所示。与此同时，系统弹出【表面粗糙度(GB)】对话框，如图 8-65 所示，在该对话框中输入应标注的粗糙度后，单击 确定 按钮即可。

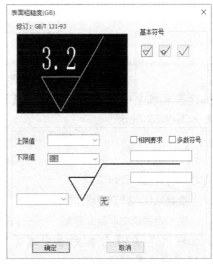

| 1. 标准标注 ▾ | 2. 默认方式 ▾ |

图8-64　立即菜单　　　　　　　　　　图8-65　【表面粗糙度(GB)】对话框

简单标注只能选择粗糙度的符号类型和改变粗糙度的值，而标准标注则应按标准号为 GB/T131—2006 的国标文件编制，它是通过【表面粗糙度(GB)】对话框来实现的，可以通过图标按钮来选择不同的符号类型和纹理方向符号，通过文本框输入上限值、下限值及上说明、下说明。

8.6　基准代号标注

基准代号标注功能用于标注基准代号或基准目标。

1. 命令启动方法

- 命令行：datum。

- 菜单命令: 【标注】/【基准代号】。
- 工具栏: 【标注】工具栏中的 基准代号 按钮。
- 选项卡: 【常用】选项卡中【标注】面板的 下拉菜单中的 基准代号 按钮, 或者【标注】选项卡中【符号】面板上的 基准代号 按钮。

2. 立即菜单说明

执行基准代号命令后, 在界面左下角弹出基准代号标注的立即菜单, 如图 8-66 所示, 在立即菜单【1】下拉列表中可以选择【基准标注】或【基准目标】选项。

1. 基准标注 ▼ 2. 给定基准 ▼ 3. 默认方式 ▼ 4. 基准名称 A

图8-66 基准代号标注的立即菜单

【练习8-25】: 打开素材文件 "exb\第 8 章\8-25.exb", 标注基准代号, 结果如图 8-67 所示。

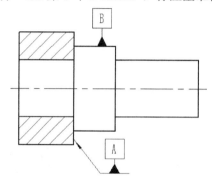

图8-67 标注基准代号

1. 执行基准代号命令, 在立即菜单【1】下拉列表中选择【基准标注】选项, 其余选项设置如图 8-68 所示。

1. 基准标注 ▼ 2. 给定基准 ▼ 3. 默认方式 ▼ 4. 基准名称 B

图8-68 立即菜单设置

2. 此时命令行提示如下。

    拾取定位点或直线或圆弧: //选择基准 B 所在的直线

    输入角度或由屏幕上确定: <-360,360>: //向上移动十字光标, 单击

3. 在立即菜单【3】下拉列表中选择【引出方式】选项, 在【基准名称】文本框中输入 "A", 命令行提示如下。

    引出点: //选择基准 A 所在的直线

    引出点: //在合适的位置单击

    结果如图 8-67 所示。

8.6.1 焊接符号标注

焊接符号标注功能用于标注焊接符号。

1. 命令启动方法

- 命令行: weld。
- 菜单命令: 【标注】/【焊接符号】。
- 工具栏: 【标注】工具栏中的 焊接符号(W) 按钮。

- 选项卡:【常用】选项卡中【标注】面板的 下拉菜单中的 焊接符号(W) 按钮,或者【标注】选项卡中【符号】面板上的 焊接符号(W) 按钮。

2. 操作步骤

1. 执行焊接符号命令,系统弹出【焊接符号(GB)】对话框,如图 8-69 所示。

2. 在【焊接符号(GB)】对话框中对需要标注的焊接符号的各种选项进行设置后,单击 确定(O) 按钮。

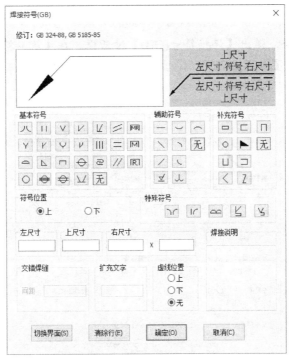

图8-69　【焊接符号(GB)】对话框(1)

3. 根据命令行提示依次拾取标注元素、单击引线转折点和定位点即可。

【焊接符号(GB)】对话框中的主要选项的介绍如下。

- 【预显框】列表框:显示所选项目样式。
- 【基本符号】分组框:用于选择焊缝样式的符号。
- 【符号位置】分组框:用来控制当前单行参数是对应基准线以上部分还是以下部分,系统通过这种方法来控制单行参数。
- 【辅助符号】分组框:用于选择对焊缝平面的说明。
- 【补充符号】分组框:用于选择对焊缝样式的符号补充。
- 【特殊符号】分组框:用于选择特殊焊缝样式的符号。
- 【交错焊缝】分组框:用于输入间距。
- 【虚线位置】分组框:用于选择基准虚线与实线的相对位置。
- 清除行(E) 按钮:用于将当前行的单行参数清零。

【练习8-26】: 打开素材文件 "exb\第 8 章\8-26.exb",创建焊接符号,结果如图 8-70 所示。

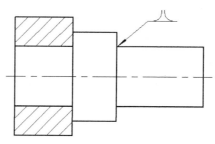

图8-70　创建焊接符号

1. 执行焊接符号命令，弹出【焊接符号(GB)】对话框，在【基本符号】分组框中单击⎵按钮，其余选项设置如图 8-71 所示，然后单击 确定(O) 按钮。

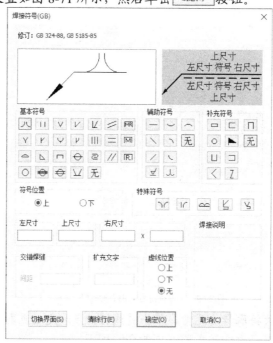

图8-71　【焊接符号(GB)】对话框（2）

2. 此时命令行提示如下。

拾取定位点或直线或圆弧：	//单击图 8-70 所示的接缝位置
引线转折点：	//在合适的位置单击
拖动确定定位点：	//向右移动十字光标后单击

结果如图 8-70 所示。

8.6.2　剖切符号标注

剖切符号标注功能用于标出剖面的剖切位置。

命令启动方法

- 命令行：hatchpos。
- 菜单命令：【标注】/【剖切符号】。
- 选项卡：【常用】选项卡中【标注】面板的下拉菜单中的 剖切符号(S) 按钮，或者【标注】选项卡中【符号】面板上的 剖切符号 按钮。

【练习8-27】：　打开素材文件"exb\第 8 章\8-27.exb"，创建剖切符号，结果如图 8-72 所示。

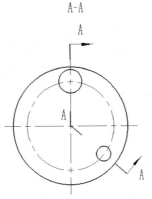

图8-72　创建剖切符号

1. 执行剖切符号命令，在界面左下角弹出剖切符号的立即菜单，各选项设置如图 8-73 所示。

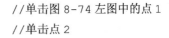

图8-73　立即菜单设置

2. 此时命令行提示如下。

画剖切轨迹（画线）：指定第一点：	//单击图 8-74 左图中的点 1
指定下一点：	//单击点 2
指定下一点，或右键单击选择剖切方向：	//单击点 3
指定下一点，或右键单击选择剖切方向：	//右击
请单击箭头选择剖切方向：	//选择朝上的箭头方向，如图 8-74 右图所示
指定剖面名称标注点：A	//输入标注名称 A，然后在点 1 附近单击
指定剖面名称标注点：	//在点 2 附近单击
指定剖面名称标注点：	//在点 3 附近单击
指定剖面名称标注点：	//右击
指定剖面名称标注点：	//在图形上方的合适位置单击

结果如图 8-72 所示。

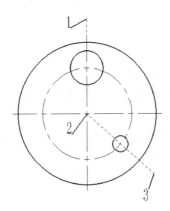 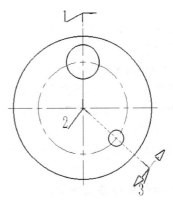

图8-74　剖切轨迹点和方向

8.7 标注编辑

标注编辑也就是对工程标注（尺寸、符号和文字）进行编辑，对这些标注的编辑仅通过一个菜单命令实现，系统将自动识别标注实体的类型而做出相应的编辑操作。所有的编辑实际都是对已标注的尺寸、符号和文字做相应的位置编辑和内容编辑，这两者是通过立即菜单来切换的。位置编辑是指对尺寸或工程符号等的位置的移动或角度的变换；而内容编辑则是指对尺寸值、文字内容或符号内容的修改。

命令启动方法

- 命令行：dimedit。
- 菜单命令：【修改】/【标注编辑】。
- 工具栏：【编辑工具】工具栏中的 按钮。
- 选项卡：【标注】选项卡中【修改】面板上的 按钮。

根据工程标注分类，可以将标注编辑分为相应的 3 类，即尺寸编辑、文字编辑、工程符号编辑。下面对它们分别进行说明。

8.7.1 尺寸编辑

尺寸编辑功能用于对已标注的尺寸的内容和风格进行编辑修改。

【练习8-28】： 打开素材文件"exb\第 8 章\8-28.exb"，如图 8-75 左图所示，对图中尺寸的尺寸线位置进行编辑，结果如图 8-75 右图所示。

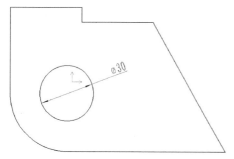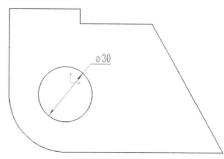

图8-75 编辑尺寸线位置

1. 单击【标注】选项卡中【修改】面板上的 按钮。
2. 此时命令行提示如下。

　　　　拾取要编辑的标注： 　　　　　　　　　　//拾取要编辑的线性尺寸ϕ30

3. 系统弹出尺寸编辑的立即菜单，在立即菜单【2】下拉列表中选择【文字水平】选项，其余选项设置如图 8-76 所示。命令行提示如下。

　　　　新位置： 　　　　　　　　　　　　　　//在要放置的位置单击

1.尺寸线位置 ▾	2.文字水平 ▾	3.文字拖动 ▾	4.标准尺寸线 ▾	5.前缀 %c	6.后缀	7.基本尺寸 30

图8-76 立即菜单设置

结果如图 8-75 右图所示。

8.7.2　文字编辑

文字编辑功能用于对已标注的文字内容和风格进行编辑修改。

【练习8-29】：打开素材文件"exb\第 8 章\8-29.exb"，如图 8-77 上图所示，修改技术要求，结果如图 8-77 下图所示。

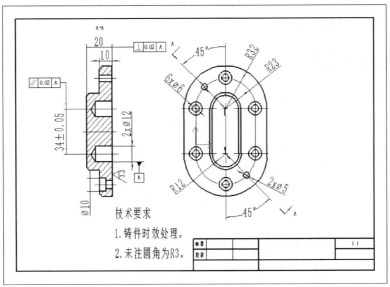

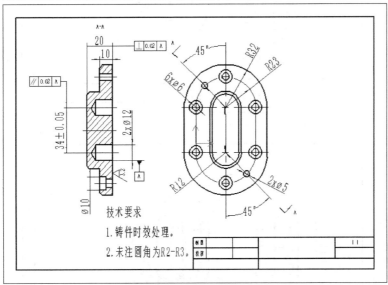

图8-77　泵盖零件图

1. 执行标注编辑命令后，命令行提示"拾取要编辑的标注"。
2. 在绘图区中拾取"技术要求"，弹出【文本编辑器-多行文字】面板。在该面板中把"2. 未注圆角为 R3"修改为"2.未注圆角为 R2-R3"，如图 8-78 所示。

图8-78 修改技术要求

3. 单击 确定 按钮，结果如图 8-77 下图所示。

8.7.3 工程符号编辑

工程符号编辑功能用于对已标注的工程符号的内容和风格进行编辑修改。

【练习8-30】： 打开素材文件"exb\第 8 章\8-30.exb"，如图 8-79 上图所示，修改图中的基准代号，把"B"修改为"C"，结果如图 8-79 下图所示。

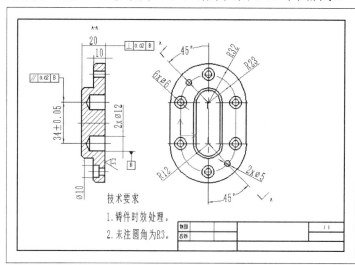

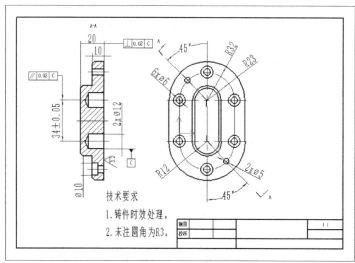

图8-79 泵盖零件图

1. 执行标注编辑命令后，命令行提示如下。

   拾取要编辑的标注：　　　　　　　//在绘图区中拾取要编辑的基准符号"B"

2. 系统弹出立即菜单，在立即菜单【1.基准名称】文本框中把"B"修改为"C"，此时命令行提示如下。

   标注点位置：　　　　　　　　　　//移动符号到合适的位置后单击

   拾取要编辑的标注：　　　　　　　//在绘图区中拾取左侧的平行度形位公差

3. 在立即菜单【1】下拉列表中选择【编辑内容】选项，如图 8-80 所示。弹出【形位公差(GB)】对话框，在【基准一】分组框的文本框中把"B"修改为"C"，如图 8-81 所示，然后单击 确定(O) 按钮完成修改。

4. 采用相同的方法将垂直度形位公差的基准也修改为"C"，结果如图 8-79 下图所示。

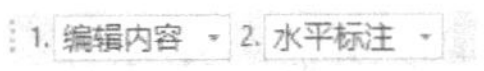

1. 编辑内容 ▾ 2. 水平标注 ▾

图8-80　立即菜单设置

图8-81　【形位公差(GB)】对话框

8.8　尺寸驱动

尺寸驱动是 CAXA CAD 电子图板提供的一套局部参数化功能。用户在选择一部分实体及相关尺寸后，系统将根据尺寸建立实体间的拓扑关系，当用户选择想要改动的尺寸并改变其数值时，相关实体及尺寸将受到影响而发生变化，但元素间的拓扑关系保持不变，如相切、相连等。另外，系统可自动处理过约束及欠约束的图形。

1. 命令启动方法

- 命令行：driver。
- 菜单命令：【修改】/【尺寸驱动】。
- 工具栏：【编辑】工具栏中的 尺寸驱动 按钮。
- 选项卡：【标注】选项卡中【修改】面板上的 尺寸驱动 按钮。

2. 操作步骤

1. 选择驱动对象（实体和尺寸）。

2. 选择驱动图形的基准点。

3. 选择被驱动尺寸，输入新值。

【练习8-31】：打开素材文件"exb\第 8 章\8-31.exb"，如图 8-82 左图所示，将驱动尺寸"40"修改为"60"，结果如图 8-82 右图所示。

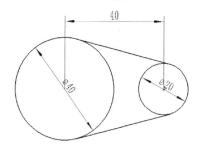
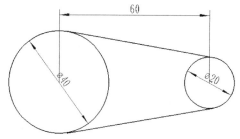

图8-82 尺寸驱动

1. 执行尺寸驱动命令，命令行提示如下。

添加拾取：   //拾取所有元素（包含图形、尺寸等），然后右击

请给出尺寸关联对象变化的参考点：   //选择左侧大圆的中心

请拾取驱动尺寸：   //选择尺寸 40

2. 系统弹出【新的尺寸值】对话框，在【新尺寸值】文本框中输入"60"，如图 8-83 所示。

图8-83 【新的尺寸值】对话框

3. 单击 确定(O) 按钮，结果如图 8-82 右图所示。

尺寸驱动还有以下操作注意事项。

（1）系统将只分析选中部分的实体及尺寸。这里除了选择图形实体之外，还要选择尺寸，因为工程图纸是依靠尺寸标注来避免"二义性"的，系统正是依靠尺寸来分析元素之间的关系的。例如，一条斜线已经标注了水平尺寸，如果驱动其他尺寸，则该直线的斜率及垂直距离可能会发生相关的改变，但是该直线的水平距离将保持为标注值；同样的道理，如果驱动该水平尺寸，则该直线的水平长度将发生改变，改变为与驱动后的尺寸值一致。因此，对于局部参数化功能，选择参数化对象是至关重要的，为了使驱动的目标与自己设想的一致，需要在选择驱动对象之前做必要的尺寸标注，这样就可以对需要驱动的尺寸和不需要驱动的尺寸进行区分。一般来说，如果一个图形没有必要的尺寸标注，则系统将会根据"连接""角度""正交""相切"等一般的默认准则判断实体之间的约束关系。

（2）选择驱动图形的基准点。如同旋转和拉伸需要基准点一样，驱动图形也需要基准点，这是因为任意一个尺寸表示的均是两个（或两个以上）对象的相关约束关系，如果驱动该尺寸，必然存在一端被固定、另一端被驱动的问题，系统将根据被驱动尺寸与基准点的位置关系来判断应该固定哪一端，从而驱动另一端。

（3）选择被驱动尺寸，输入新值。在前两步的基础上，最后驱动某一尺寸。选择被驱动的尺寸，而后输入新的尺寸值，这时被选中的实体部分将被驱动。在不退出该状态（该部分驱动对象）的情况下，用户还可以连续驱动其他尺寸。

8.9 综合练习

【**练习8-32**】： 绘制图 8-84 所示的图形，并标注尺寸形位公差、粗糙度等。

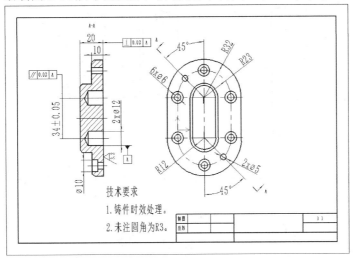

图8-84 综合练习

1. 使用直线命令绘制作图基准线，然后使用孔/轴、直线、圆、裁剪等命令绘制图形，结果如图 8-85 所示。

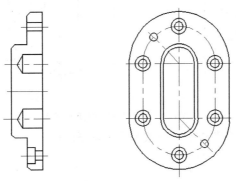

图8-85 绘制图形

2. 填充剖面图案，结果如图 8-86 所示。

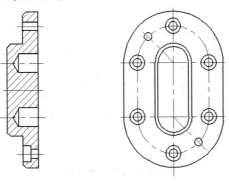

图8-86 填充剖面图案

3. 标注圆，结果如图 8-87 所示。

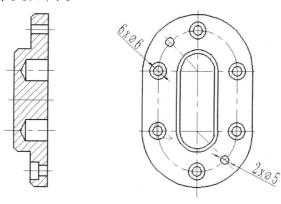

图8-87　标注圆

4. 标注半径尺寸 R12、R32、R23 及角度尺寸 45°，结果如图 8-88 所示。

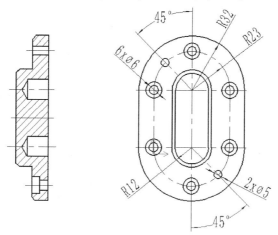

图8-88　标注半径尺寸及角度尺寸

5. 标注左侧剖视图中的直线尺寸，结果如图 8-89 所示。

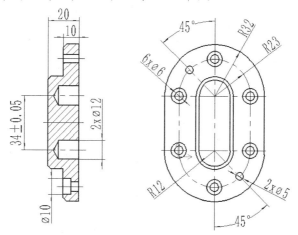

图8-89　标注直线尺寸

6. 标注形位公差、粗糙度、基准代号，结果如图 8-90 所示。

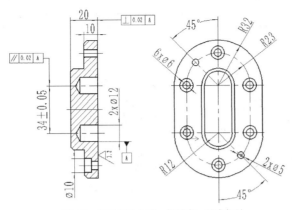

图8-90　标注形位公差、粗糙度、基准代号

7.　标注剖切符号，结果如图 8-91 所示。

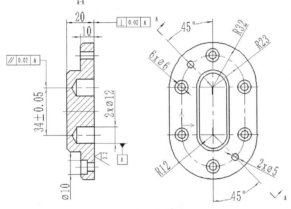

图8-91　标注剖切符号

8.　执行图幅设置命令，弹出【图幅设置】对话框，参数设置如图 8-92 所示。单击 确定(O) 按钮，结果如图 8-93 所示。

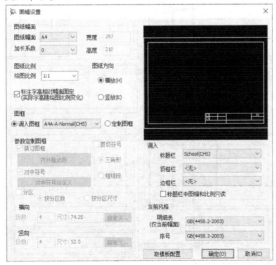

图8-92　【图幅设置】对话框

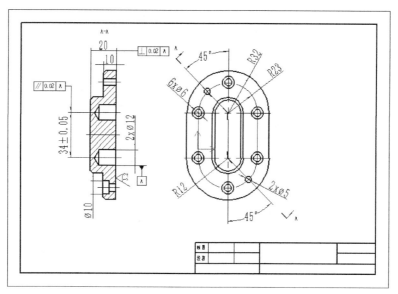

图8-93　插入图框

9. 标注文字说明，最终结果如图 8-84 所示。

8.10　习题

1. 如何设置绘图区的文字参数和标注参数？

2. 绘制图 8-94 所示的轴座并标注尺寸。

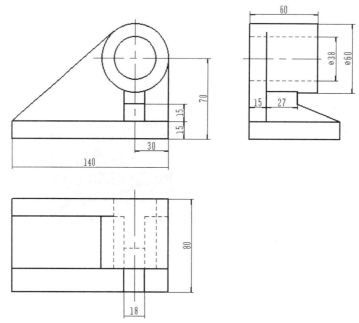

图8-94　绘制轴座并标注尺寸

3. 绘制图 8-95 所示的轴并标注尺寸。

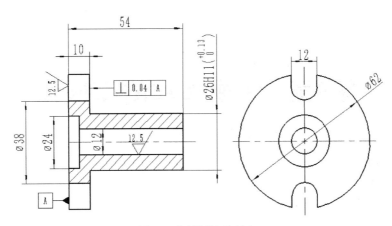

图8-95　绘制轴并标注尺寸

4. 绘制图 8-96 所示的垫片并标注尺寸。

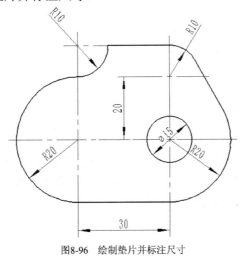

图8-96　绘制垫片并标注尺寸

第9章 块操作和图库操作

【学习目标】

- 学会块操作。
- 掌握块在位编辑。
- 熟悉图库操作。

CAXA CAD 电子图板提供了将不同类型的图形元素组合成块的功能，块是由多种不同类型的图形元素组合而成的整体，组成块的元素属性可以同时被编辑和修改。另外，CAXA CAD 电子图板还提供了强大的标准零件库，用户在绘图时可以直接提取这些图形并将其插入图形中，还可以自定义要用到的其他标准件或图形符号，即对图库进行扩充。本章主要介绍块操作、块在位编辑和图库操作。

9.1 块操作

CAXA CAD 电子图板定义的块是复合型图形实体。块可以由用户定义，经过定义的块可以像其他图形元素一样进行整体的平移、旋转、复制等编辑操作。块可以被打散，即将块分解为结合前的各个单一的图形元素。利用块可以实现图形的消隐，还可以存储与该块相关的非图形信息，即块属性，如块的名称、材料等。

9.1.1 块创建

块创建是指将一组实体组合成一个整体，创建的块可以嵌套使用，其逆过程为块分解。生成的块位于当前层。

1. **命令启动方法**

- 命令行：block。
- 菜单命令：【绘图】/【块】/【创建】。
- 选项卡：【插入】选项卡中【块】面板上的 创建 按钮。

2. **操作步骤**

1. 执行块创建命令。
2. 根据命令行提示拾取需要创建块的图形，右击确认后单击基准点，再定位点即可（块的定位点用于块的拖动定位）。
3. 系统弹出【块定义】对话框，在【名称】下拉列表框中输入块名称，然后单击 确定(O) 按钮。

【练习9-1】：　打开素材文件"exb\第 9 章\9-1.exb"，如图 9-1 所示，将粗糙度符号创建成块。

1. 执行块创建命令，此时命令行提示如下。

   拾取元素：   //框选粗糙度符号，然后右击

   基准点：   //单击粗糙度符号底部的点

2. 系统弹出【块定义】对话框，在【名称】下拉列表框中输入块的名字"粗糙度（自绘）"，如图 9-2 所示，然后单击 确定(O) 按钮，即可完成块的创建。

图9-1 粗糙度符号

图9-2 【块定义】对话框

9.1.2 块插入

块插入是指选择一个块并插入当前图形中。

1. 命令启动方法

- 命令行：insertblock。
- 菜单命令：【绘图】/【块】/【插入】。
- 选项卡：【插入】选项卡中【块】面板上的 按钮。

2. 操作步骤

1. 执行块插入命令，系统弹出【块插入】对话框，如图 9-3 所示。

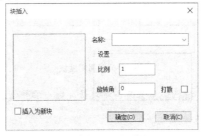

图9-3 【块插入】对话框（1）

2. 在该对话框中选择要插入的块，并设置插入块的比例和角度，然后单击 确定(O) 按钮。

【练习9-2】：   打开素材文件"exb\第 9 章\9-2.exb"，插入指定块"粗糙度（自绘）"，结果如图 9-4 所示。

1. 执行块插入命令，弹出【块插入】对话框，在【名称】下拉列表框中输入"粗糙度（自绘）"，其他参数设置如图 9-5 所示，然后单击 确定(O) 按钮。

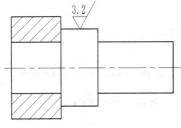

图9-4 插入块

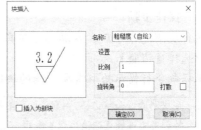

图9-5 【块插入】对话框（2）

2. 根据命令行提示，单击要放置块的位置，结果如图 9-4 所示。

9.1.3 块分解

块分解是指将块打散成单个实体，其逆过程为块创建。

1. 命令启动方法

- 命令行：explode。
- 菜单命令：【修改】/【分解】。
- 选项卡：【常用】选项卡中【修改】面板上的 ⬚ 按钮。

2. 操作步骤

1. 执行块分解命令。
2. 根据命令行提示拾取一个或多个欲分解的块，然后右击即可。

【练习9-3】： 打开素材文件 "exb\第 9 章\9-3.exb"，分解素材中的粗糙度块。

1. 执行块分解命令，根据命令行提示选择粗糙度块，然后右击。
2. 粗糙度符号被分解成多个独立元素，图 9-6 所示是移动粗糙度值 3.2 的效果。

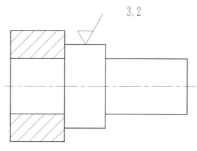

图9-6 分解粗糙度块

> **要点提示** 对于嵌套多级的块，每次执行块分解命令将打散一级。非打散的图符、标题栏、图框、明细表及剖面线等，其属性都是块。

9.1.4 块消隐

1. 命令启动方法

- 命令行：hide。
- 菜单命令：【绘图】/【块】/【消隐】。
- 选项卡：【插入】选项卡中【块】面板上的 ⬚ 消隐 按钮。

2. 操作步骤

1. 执行块消隐命令后，在界面左下角弹出块消隐的立即菜单，在立即菜单【1】下拉列表中选择【消隐】选项。
2. 根据命令行提示拾取需要消隐的块即可。拾取一个，消隐一个，可以连续操作。

> **要点提示** 在块消隐命令状态下，拾取已经消隐的块即可取消消隐。此时需要在块消隐的立即菜单【1】下拉列表中选择【取消消隐】选项。

9.1.5 块属性

块属性功能用于赋予、查询或修改块的非图形属性,如材料、密度、重量、强度及刚度等。非图形属性可以在标注零件序号时自动映射到明细表中。

1. 命令启动方法

- 命令行:attrib。
- 菜单命令:【绘图】/【块】/【属性定义】。
- 选项卡:【插入】选项卡中【块】面板上的 按钮。

2. 操作步骤

1. 执行属性定义命令,系统弹出【属性定义】对话框,如图 9-7 所示。

图9-7 【属性定义】对话框(1)

2. 按需要进行设置,设置完毕后单击 确定(O) 按钮即可。

【练习9-4】: 打开素材文件"exb\第 9 章\9-4.exb",如图 9-8 左图所示,修改粗糙度值,结果如图 9-8 右图所示。

图9-8 修改粗糙度值

1. 执行属性定义命令,弹出【属性定义】对话框,在【名称】文本框中输入"6.3",在【定位方式】分组框中选择【指定两点】单选项,如图 9-9 所示,然后单击 确定(O) 按钮。

图9-9 【属性定义】对话框(2)

2. 此时命令行提示如下。

定位点或矩形区域的第一角点：　　　　　　　　　　//单击粗糙度值 3.2 的左上角点

矩形区域的第二角点：　　　　　　　　　　　　　　//单击粗糙度值 3.2 的右下角点

结果如图 9-8 右图所示。

> **要点提示** 在【属性定义】对话框中填写的内容将与块一同存储，同时利用该对话框也可以修改已经存在的块属性。

9.1.6 块编辑

块编辑功能用于在仅显示所编辑的块的形式下对块的图形和属性进行编辑。

1. 命令启动方法

- 命令行：bedit。
- 菜单命令：【绘图】/【块】/【块编辑】。
- 选项卡：【插入】选项卡中【块】面板上的 块编辑 按钮。

2. 操作步骤

1. 执行块编辑命令，按照命令行提示拾取需要编辑的块，进入块编辑器界面，如图 9-10 所示。

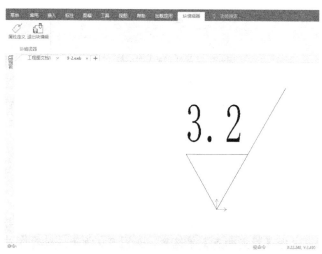

图9-10 块编辑器界面

2. 单击 按钮，对块的属性进行编辑。

3. 块编辑结束后，若用户尚未保存对块的编辑修改，则单击 按钮时，系统会弹出提示对话框（见图 9-11），提示用户是否保存修改。

图9-11 提示对话框

4. 单击 是(Y) 按钮将保存对块的编辑和修改，单击 否(N) 按钮将取消本次对块的编辑
操作。若用户已保存编辑的块，则系统将会直接退出块编辑操作。

【练习9-5】：　打开素材文件"exb\第 9 章\9-5.exb"，如图 9-12 左图所示，将已知粗糙度
块修改为不去除材料符号，结果如图 9-12 右图所示。

图9-12　块编辑

1. 执行块编辑命令，根据命令行提示拾取粗糙度块。
2. 弹出块编辑器界面，单击【常用】选项卡，选择"三点"方式绘制圆，此时命令行提
示如下。
　　　　第一点：　//按空格键，在弹出的工具点菜单中选择【切点】命令，选择粗糙度符号的第 1 条边
　　　　第二点：　//按空格键，在弹出的工具点菜单中选择【切点】命令，选择粗糙度符号的第 2 条边
　　　　第三点：　//按空格键，在弹出的工具点菜单中选择【切点】命令，选择粗糙度符号的第 3 条边
结果如图 9-13 所示。

图9-13　绘制内圆

3. 删除多余的边线和粗糙度值，结果如图 9-12 右图所示。
4. 单击【块编辑器】选项卡，单击 按钮，完成块编辑。

9.1.7　快捷菜单中的块操作功能

拾取块后右击，弹出快捷菜单，如图 9-14 所示。利用该快捷菜单可以对拾取的块执行
特性、元素属性、删除、平移、复制、平移复制、带基点复制、粘贴、旋转、镜像、阵列及
缩放等操作，还可以对块执行分解、消隐等操作。

拾取一组非块实体后右击，弹出的快捷菜单中包含【块创建】命令，如图 9-15 所示。

块的删除、平移、旋转及镜像等操作与一般实体相同，但块是一种特殊的实体，它除了
拥有一般实体的特性外，还拥有一些其他实体没有的特性，如线型、颜色、图层等。下面主
要介绍如何改变块的线型和颜色。

1. 绘制好需定义块的图形。
2. 用窗口方式拾取图形，然后右击，在弹出的快捷菜单中选择【特性】命令，系统弹出
【特性】面板，如图 9-16 所示，将【线型】和【颜色】均修改为【ByBlock】。
3. 将图形定义成块。
4. 选择刚创建的块，右击，在弹出的快捷菜单中选择【特性】命令，修改线型和颜色。
5. 可以看到刚才创建的块的线型和颜色已变为自己定义的线型和颜色。

图9-14 拾取块的快捷菜单

图9-15 拾取非块图形的快捷菜单

图9-16 【特性】面板

9.1.8 实例——将螺母定义为块

【练习9-6】: 打开素材文件"exb\第9章\9-6.exb",如图9-17所示,将螺母定义为块。

1. 单击【插入】选项卡中【块】面板上的 创建按钮,此时命令行提示如下。

   拾取元素: //拾取整个螺母,然后右击

   基准点: //单击圆心

2. 系统弹出【块定义】对话框,如图 9-18 所示,在【名称】下拉列表框中输入"螺母16",然后单击 确定(O) 按钮,螺母块创建完成。

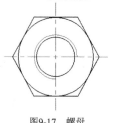

图9-17 螺母

图9-18 定义螺母块

9.2 块在位编辑

块在位编辑功能用于在不打散块的情况下编辑块内图形的属性,如修改颜色、图层等,也可以向块内增加图形,或者从块中删除图形等。

1.　**命令启动方法**

- 菜单命令：【绘图】/【块】/【块在位编辑】。
- 选项卡：【插入】选项卡中【块】面板的【块编辑】下拉菜单中的 块在位编辑(B)... 按钮。

2.　**操作步骤**

1. 执行块在位编辑命令。
2. 根据命令行提示拾取要编辑的块，然后右击完成操作。

9.2.1　添加到块内

添加到块内功能用于向块内添加图形。

1.　**命令启动方法**

　　选项卡：【块在位编辑】选项卡中【编辑参照】面板上的 添加到块内 按钮。

2.　**操作步骤**

1. 执行添加到块内命令。
2. 根据命令行提示拾取要添加到块内的图形，然后右击。

【练习9-7】：　打开素材文件"exb\第 9 章\9-7.exb"，如图 9-19 所示，使用块在位编辑命令将中间两个非块内元素添加到块内。

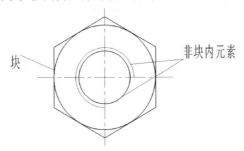

图9-19　添加到块内（1）

1. 单击【插入】选项卡中【块】面板上的 块在位编辑(B)... 按钮，命令行提示如下。

　　　　拾取要编辑的块：　　　　　　　　　　　　//拾取螺母块

2. 系统弹出【块在位编辑】选项卡，单击 添加到块内 按钮，命令行提示如下。

　　　　拾取元素：　　　　　　　　　　　　　　　//选择非块内元素（圆和圆弧），然后右击

3. 单击 按钮，完成将元素添加到块内操作，此时图形整体是一个块。

【练习9-8】：　打开素材文件"exb\第 9 章\9-8.exb"，添加箭头及其引线到粗糙度块中，结果如图 9-20 所示。

图9-20　添加到块内（2）

1. 执行块在位编辑命令，根据命令行提示选择粗糙度块。

2. 系统弹出【块在位编辑】选项卡，在【编辑参照】面板中单击 ![按钮] 按钮，此时命令行提示如下。

   拾取元素: //框选箭头及其引线，然后右击

3. 在【编辑参照】面板中单击 ![按钮] 按钮，完成添加到块内操作，此时箭头和粗糙度符号是一个块。

9.2.2 从块内移出

从块内移出功能用于把图形从块中移出，而不是从系统中删除。

1. 命令启动方法

选项卡：【块在位编辑】选项卡中【编辑参照】面板上的 ![按钮] 按钮。

2. 操作步骤

1. 执行从块内移出命令。

2. 根据命令行提示拾取要移出块的实体，然后右击。

【练习9-9】： 打开素材文件"exb\第 9 章\9-9.exb"，如图 9-21 所示，从已知粗糙度块内移除箭头及其引线。

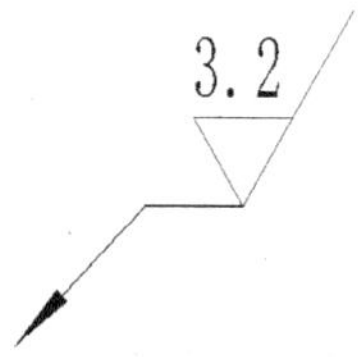

图9-21 从块内移出

1. 执行块在位编辑命令，根据命令行提示选择粗糙度块。

2. 系统弹出【块在位编辑】选项卡，在【编辑参照】面板中单击 ![按钮] 按钮，此时命令行提示如下。

   拾取元素: //选择箭头及其引线，然后右击

3. 在【编辑参照】面板中单击 ![按钮] 按钮，完成从块内移出操作，此时箭头和粗糙度符号不是一个块。

9.2.3 不保存退出

不保存退出功能用于放弃对块进行的编辑，并退出块在位编辑状态。

1. 命令启动方法

选项卡：【块在位编辑】选项卡中【编辑参照】面板上的 ![按钮] 按钮。

2. 操作步骤

1. 执行不保存退出命令。

2. 系统自动退出块在位编辑状态。

9.2.4 保存退出

保存退出功能用于保存对块进行的编辑，并退出块在位编辑状态。

命令启动方法

- 工具栏：【块在位编辑】工具栏中的 ![按钮] 按钮。
- 选项卡：【块在位编辑】选项卡中【编辑参照】面板上的 ![按钮] 按钮。

9.3 图库操作

CAXA CAD 电子图板已经定义了用户在设计时经常要用到的各种标准件和图形符号，如螺栓、螺母、轴承、垫圈及电气符号等。用户在设计绘图时可以直接提取这些图形以插入图中，避免不必要的重复操作，提高绘图效率；还可以自定义要用到的其他标准件或图形符号，即对图库进行扩充。

CAXA CAD 电子图板图库中的标准件和图形符号统称为图符。图符分为参量图符和固定图符。CAXA CAD 电子图板提供了图库的编辑和管理功能，此外，对于已经插入图中的参量图符，还可以通过尺寸驱动功能修改其尺寸规格。用户可以对图库进行提取图符、定义图符、驱动图符、图库管理、图库转换等操作。

9.3.1 插入图符

插入图符就是从图库中选择合适的图符（如果是参量图符，还要选择其尺寸规格），并将其插入图中合适的位置。

1. **命令启动方法**

- 命令行：sym。
- 菜单命令：【绘图】/【图库】/【插入图符】。
- 选项卡：【插入】选项卡中【图库】面板上的 按钮。

2. **操作步骤**

1. 执行插入图符命令，弹出【插入图符】对话框，如图 9-22 所示。

图9-22 【插入图符】对话框（1）

2. 在该对话框中选择要提取的图符，如图 9-23 所示，然后单击 下一页(N) > 按钮。

图9-23　【插入图符】对话框（2）

3. 系统弹出【图符预处理】对话框，如图 9-24 所示。设置完各选项并选择一组规格尺寸后，单击 完成 按钮。

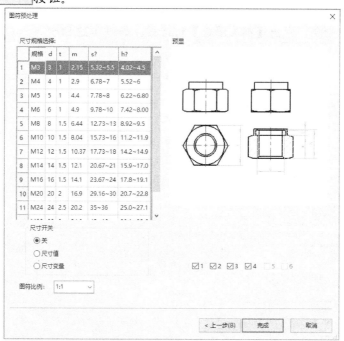

图9-24　【图符预处理】对话框（1）

在【图符预处理】对话框中，可以对已选定的参量图符进行设置，如尺寸规格的选择、尺寸和标注形式的设置、是否打散，以及是否消隐。对于有多个视图的图符，还可以选择提取哪几个视图。

【图符预处理】对话框中各选项的介绍如下。

(1)　【尺寸规格选择】列表框：从该列表框中选择合适的规格尺寸。若按 F2 键，则当前单元格进入编辑状态且插入图符被定位在单元格内文本的最后。列的尺寸变量名后面如果有"*"，则说明该尺寸是系列尺寸，单击相应行中系列尺寸对应的单元格，可以选择输入合适的系列尺寸值。尺寸变量名后面如果有问号，则说明该尺寸是动态尺寸。右击相应行中动态尺寸对应的单元格，单元格内尺寸值后面将出现问号，这样在插入图符时可以通过拖动鼠标来动态地决定该尺寸的数值。再次右击该单元格，则问号消失，插入时不作为动态尺寸。确定系列尺寸和动态尺寸后，单击相应行左侧的选择区以选择一组合适的规格尺寸。

(2)　【尺寸开关】分组框：控制图符提取后的尺寸标注情况，选择【关】单选项，表示插入的图符不标注任何尺寸；选择【尺寸值】单选项，表示插入后标注实际尺寸值；选择【尺寸变量】单选项，表示插入的图符里的尺寸文本是尺寸变量名，而不是实际尺寸值。

(3)　【预显】区域：位于对话框的右侧，下面有 6 个视图控制开关，通过勾选或取消勾选任意一个视图的复选框可以打开或关闭相应的视图，被关闭的视图不会被提取。

如果【预显】区域中的图形太小，右击预显区内的任意一点，则图形将以该点为中心放大显示，可以多次放大；在【预显】区域中同时单击鼠标的左键和右键，则图形恢复至最初的大小。

【练习9-10】：　插入图符，结果如图 9-25 所示。

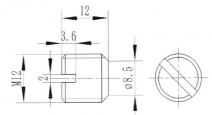

图9-25　插入图符

1.　执行插入图符命令，弹出【插入图符】对话框，如图 9-26 所示。

图9-26　【插入图符】对话框（3）

2. 在该对话框中双击文件夹"螺钉"\"紧定螺钉",选择【GB/T 73-2017 开槽平端紧定螺钉】,如图 9-27 所示,然后单击 下一页(N) > 按钮。

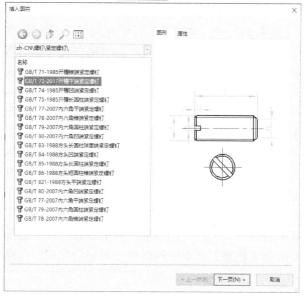

图9-27 选择螺钉

3. 弹出【图符预处理】对话框,选择【M12】,其余参数设置如图 9-28 所示,然后单击 完成 按钮。此时命令行提示如下。

图符定位点: //选择图符放置的位置

旋转角: //右击

图符定位点: //选择第二个图符放置的位置(注意在图纸上选择放置位置的要求)

旋转角: //右击,然后按 Esc 键完成操作

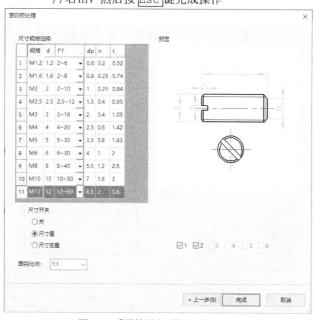

图9-28 【图符预处理】对话框(2)

9.3.2　定义图符

定义图符是指用户将自己要用到而图库中没有的参数化图形或固定图形加以定义，存储到图库中，供以后调用。

命令启动方法

- 命令行：symdef。
- 菜单命令：【绘图】/【图库】/【定义图符】。
- 选项卡：【插入】选项卡中【图库】面板上的 定义 按钮。

> **要点提示**　可以被定义到图库中的图形元素有直线、圆、圆弧、点、尺寸、块、文字、剖面线及填充。如果有其他类型的图形元素，如多义线、样条等，则需要定义到图库中，可以将其定义为块。

【练习9-11】：　打开素材文件"exb\第 9 章\9-11.exb"，如图 9-29 所示，将凸轮定义为图符。

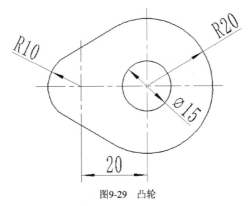

图9-29　凸轮

1. 单击【插入】选项卡中【图库】面板上的 定义 按钮。
2. 此时命令行提示如下。

　　　　请选择第 1 视图：　　　　　　　　　　　　//框选凸轮，然后右击

　　　　请单击或输入视图的基点：　　　　　　　　//单击ϕ15 的圆心

　　　　请为该视图的各个尺寸指定一个变量名：　　//选择尺寸ϕ15

3. 系统弹出【请输入变量名称】对话框，输入变量名称"Q"，如图 9-30 所示，然后单击 确定(O) 按钮。

图9-30　【请输入变量名称】对话框

4. 命令行提示如下。

　　　　请为该视图的各个尺寸指定一个变量名：　　　　//选择尺寸 R20

5. 在弹出的【请输入变量名称】对话框中输入变量名称"r1"，然后单击 确定(O) 按钮。
6. 修改"R10"的变量名称为"r2"，修改"20"的变量名称为"L"，结果如图 9-31 所示。

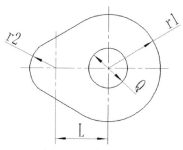

图9-31   定义尺寸变量

7.   此时命令行提示"请选择第 2 视图",直接右击,弹出【元素定义】对话框,如图 9-32 所示。

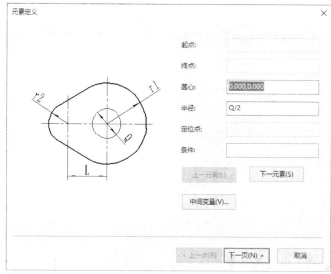

图9-32   【元素定义】对话框

8.   单击 下一页(N) > 按钮,弹出【变量属性定义】对话框,参数设置如图 9-33 所示。

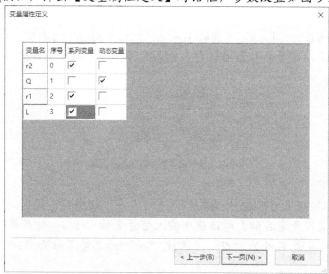

图9-33   【变量属性定义】对话框

9. 单击 下一页(N) > 按钮，弹出【图符入库】对话框。在【新建类别】文本框中输入"自建图
符"，在【图符名称】文本框中输入"凸轮 1"，如图 9-34 所示。

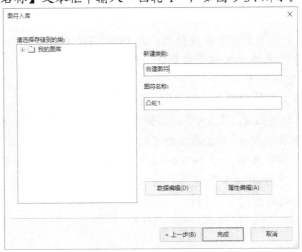

图9-34　【图符入库】对话框

10. 单击 数据编辑(D) 按钮，弹出【标准数据录入与编辑】对话框，在该对话框中填入数
值，如图 9-35 所示，然后单击 确定(O) 按钮，返回【图符入库】对话框，再单击
完成 按钮，完成图符定义。

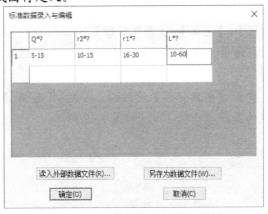

图9-35　【标准数据录入与编辑】对话框

> 指定基点时可以按空格键，利用弹出的工具点菜单来帮助精确定点，也可以使用智能点、导
> 航点等定位。
> 基点的选择很重要，如果选择不当，不仅会增加元素定义表达式的复杂程度，而且会给提取
> 时图符的插入定位造成不便。

在定义图形元素和中间变量时常常要用到一些数学函数，包括 sin、cos、tan、asin、
acos、atan、sinh、cosh、tanh、sqrt、fabs、ceil、floor、exp、log、log10 及 sign 等。这些函
数的使用格式与 C 语言中的相同，所有函数的参数需要用括号括起来，且参数本身也可以
是表达式。

- 三角函数 sin、cos、tan 的参数为角度，如 sin(30°) = 0.5，cos(45°) ≈ 0.707。
- 反三角函数 asin、acos、atan 的返回值为角度，如 acos(0.5) = 60°，atan(1) = 45°。

- sinh、cosh、tanh 为双曲函数。
- sqrt(x)表示 x 的平方根，如 sqrt(36) = 6。
- fabs(x)表示 x 的绝对值，如 fabs(−18) = 18。
- ceil(x)表示大于或等于 x 的最小整数，如 ceil(5.4) = 6。
- floor(x)表示小于或等于 x 的最大整数，如 floor(3.7) = 3。
- exp(x)表示 e 的 x 次方。
- log(x)表示 ln$x$（自然对数），log10(x)表示以 10 为底的对数。
- sign(x)在 x>0 时返回 x，在 x≤0 时返回 0，如 sign(2.6) = 2.6，sign(−3.5) = 0。
- 幂用 "∧" 表示，如 x∧5 表示 x 的 5 次方。
- 求余运算用 "%" 表示，如 18%4 = 2，2 为 18 除以 4 后的余数。
- 在表达式中，乘号用 "*" 表示，除号用 "/" 表示；表达式中没有方括号和花括号，只能用圆括号。例如，以下表达式是合法的。

```
1.5*h*sin(30)-2*d^2/sqrt(fabs(3*t^2-x*u*cos(2*alpha)))
```

9.3.3 图库管理

利用图库管理功能可以编辑、修改图库文件及图库中的各个图符。

1. 命令启动方法

- 命令行: symman。
- 菜单命令: 【绘图】/【图库】/【图库管理】。
- 选项卡: 【插入】选项卡中【图库】面板上的 管理 ∨ 按钮。

2. 操作步骤

执行图库管理命令，弹出【图库管理】对话框，如图 9-36 所示。双击"自建图符"文件夹，即可找到新建的图符"凸轮1"，如图 9-37 所示。

图9-36 【图库管理】对话框

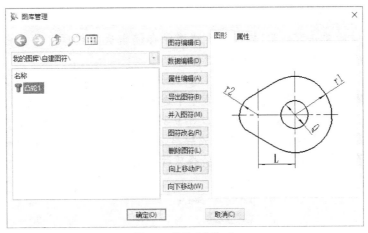

图9-37 选择"凸轮1"

【图库管理】对话框中主要选项的介绍如下。

(1) 图符编辑(E) 按钮：用于对已经定义好的图符进行全面的编辑和修改，也可以利用此功能从一个定义好的图符出发定义另一个类似的图符，以减少重复操作。

在【图库管理】对话框左侧的列表框中选择要编辑的图符后，单击 图符编辑(E) 按钮，弹出图 9-38 所示的下拉菜单。

图9-38 下拉菜单

- 如果只是要修改参量图符中图形元素的定义或尺寸变量的属性，可以选择【进入元素定义】命令，打开【元素定义】对话框，利用该对话框编辑和修改图符的定义。

- 如果需要对图符的图形、基点、尺寸或尺寸名进行编辑，可以选择【进入编辑图形】命令，此时需要编辑的图符以布局窗口的形式添加到已打开的文件内，可以切换回模型以显示进入图符编辑之前的图形。图符的各个视图显示在绘图区，此时可以对图形进行编辑和修改。修改完成后单击 定义 按钮，后续操作与定义图符完全一样。该图符仍含有除被编辑过的图形元素的定义表达式之外的全部定义信息，因此编辑时只需对要变动的图形元素进行修改，其余保持原样即可。在图符入库时如果输入了一个与原来不同的名字，就定义了一个新的图符。

- 如果只是修改图符中图形元素的图层、线型、线宽、颜色、标注风格及文本风格，则可以选择【进入编辑属性】命令。系统打开【图符编辑】选项卡，此时可以开始编辑和修改图符的属性。

- 如果选择【取消】命令，则结束操作并放弃编辑。

(2) 数据编辑(D) 按钮：用于对参量图符的标准数据进行编辑和修改。操作方法如下。

- 在【图库管理】对话框左侧的列表框中选择要编辑的图符后，单击 数据编辑(D) 按钮，弹出【标准数据录入与编辑】对话框，该对话框中的表格中显示了该图符已有的尺寸数据。

- 编辑完成后单击 确定(O) 按钮，系统将保存编辑后的数据；若单击 取消(C) 按钮，则系统将放弃所做的修改并退出。

(3) 属性编辑(A) 按钮：用于对图符的属性进行编辑和修改。操作方法如下。

- 在【图库管理】对话框左侧的列表框中选择要编辑的图符后，单击 属性编辑(A) 按钮，弹出【属性编辑】对话框，如图 9-39 所示。该对话框的表格中显示了该图符已定义的属性信息。编辑完成后单击 确定(O) 按钮，系统将保存编辑后的属性；若单击 取消(C) 按钮，则系统将放弃所做的修改并退出。

图9-39 【属性编辑】对话框

(4) 导出图符(B) 按钮：用于将需要导出的图符以"图库 lib 文件"（*.sbl）的方式在系统中进行备份或用于图库交流。操作方法如下。

在【图库管理】对话框左侧的列表框中选择要导出的图符后，单击 导出图符(B) 按钮，弹出【浏览文件夹】对话框，如图 9-40 所示。在该对话框中选择要导出到的文件夹，然后单击 确定(O) 按钮即可。

图9-40 【浏览文件夹】对话框

(5) 并入图符(M) 按钮：用于将用户在另一台计算机上定义的图符或其他目录下的图符加入本计算机系统目录下的图库中。操作方法如下。

- 在【图库管理】对话框左侧的列表框中单击 并入图符(M) 按钮，弹出【并入图符】对话框，如图 9-41 所示。在该对话框中选择要并入图库的索引文件，然后单击 并入(M) 按钮，被选中的图符会存入指定的类别中。并入成功后，被并入的图符将从列表中消失。接下来可以进行其余图符的并入。

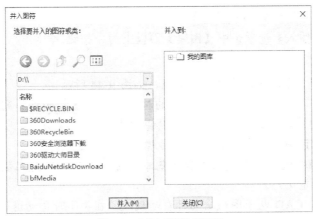

图9-41 【并入图符】对话框

(6) 图符改名(R) 按钮：用来给图符更改名称。操作方法如下。

- 在【图库管理】对话框左侧的列表框中选择想要改名的图符（如果是重命名小类或大类，可以不选择具体的图符），再单击 图符改名(R) 按钮，弹出【图符改名】对话框，如图 9-42 所示。

图9-42 【图符改名】对话框

- 在【请输入新的名称】文本框中输入新的名称，单击 确定(O) 按钮完成改名；若单击 取消(C) 按钮，则放弃修改。

(7) 删除图符(L) 按钮：用于从图库中删除图符。操作方法如下。

在【图库管理】对话框左侧的列表框中选择想要删除的图符（如果是删除整个小类或大类，可以不选择具体的图符），再单击 删除图符(L) 按钮，弹出提示对话框，如图 9-43 所示，单击 确定 按钮，完成删除操作。

图9-43 提示对话框

> **要点提示**　删除的图符文件不可恢复，删除之前请注意备份。

9.3.4 构件库

构件库是一种新的二次开发模块的应用形式。

1. 命令启动方法

- 命令行：component。

- 菜单命令：【绘图】/【构件库】。
- 选项卡：【插入】选项卡中【图库】面板上的 按钮。

2. 操作步骤

1. 执行构件库命令，弹出【构件库】对话框，如图 9-44 所示。

2. 在【构件库】下拉列表中可以选择不同的构件库，【选择构件】列表框中以图标的形式列出了这个构件库中的所有构件，选择某个构件后，【功能说明】分组框中会列出所选构件的功能说明，单击 确定 按钮后就会插入所选的构件。

3. 构件库的开发和普通二次开发应用程序基本上是一样的，只是在使用上与普通二次开发应用程序有以下区别。

(1) 构件库在 CAXA CAD 电子图板启动时自动载入，在关闭时自动退出，不需要通过应用程序管理器进行加载和卸载。

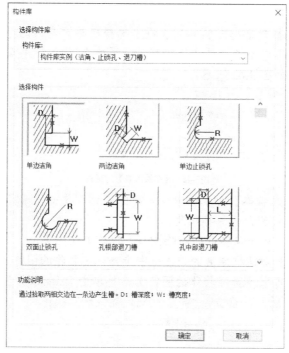

图9-44　【构件库】对话框

(2) 普通二次开发应用程序中的功能是通过菜单激活的，而构件库模块中的功能是通过构件库管理器进行统一管理和激活的。

(3) 构件库一般用于不需要对话框进行交互，而只需要立即菜单进行交互的功能。

(4) 构件库的功能使用更直观，它不仅有功能说明等文字说明，还有图片说明，因而更加形象。

在使用构件库之前，需要将编写好的库文件（".eba"格式）复制到 EB 安装路径下的构件库目录"\Conlib"（注意，该目录中已经提供了一个构件库的例子"EbcSample"）中，然后启动 CAXA CAD 电子图板。

9.3.5　技术要求库

技术要求库用数据库文件分类记录了常用的技术要求文本项，可以辅助生成技术要求文本以插入工程图中，也可以对技术要求库中的类别和文本进行添加、删除和修改操作，即进行技术要求库管理。

1. **命令启动方法**
- 命令行：speclib。
- 菜单命令：【标注】/【技术要求】。
- 选项卡：【标注】选项卡中【文字】面板上的 按钮。

2. **操作步骤**

1. 执行技术要求命令，弹出【技术要求库】对话框，如图 9-45 所示。

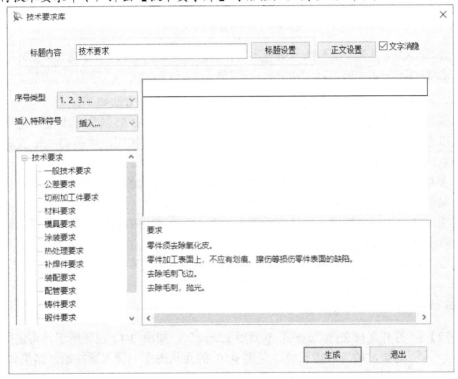

图9-45　【技术要求库】对话框

2. 该对话框左侧的列表框中列出了所有已有的技术要求类别，右下方的表格中列出了当前类别的所有文本项，右上方的编辑框用来编辑需要插入工程图中的技术要求文本。

3. 如果技术要求库中已经有了要用的文本，则可以在切换到相应的类别后将文本从表格中拖曳到上面编辑框中的合适位置处，也可以直接在编辑框中输入和编辑文本。

4. 单击 正文设置 按钮，打开【文字参数设置】对话框，如图 9-46 所示。修改技术要求文本要采用的文字参数后，单击 确定 按钮，返回【技术要求库】对话框，单击 生成 按钮，根据提示指定技术要求所在的区域，可将系统生成的技术要求文本插入工程图中。

图9-46 【文字参数设置】对话框

要点提示 设置的文字参数是技术要求正文的参数，而标题"技术要求"4个字由系统自动生成，并相对于指定区域中上对齐，因此在编辑框中无须输入这4个字。

另外，利用【技术要求库】对话框可以管理技术要求库，方法如下。

(1) 要增加新的文本项，可以在表格最后的空行中输入；要删除文本项，先单击相应行选择区以选中该行，系统将弹出提示对话框，单击 否(N) 按钮，再按 Delete 键删除（此时输入焦点应在表格中）；要修改某个文本项的内容，直接在表格中修改即可。

(2) 要增加一个类别，选择左侧列表框中的最后一项【我的技术要求】，并右击，在弹出的快捷菜单中选择【添加表】命令，输入新建表的名称，然后在【要求】表格中为新建表增加文本项；要删除一个类别，可选中该类别后右击，在弹出的快捷菜单中选择【删除表】命令（为防止误删，选中 CAXA CAD 电子图板自带的类别后右击，不会弹出快捷菜单）；要修改类别名，先双击，再进行修改。完成管理工作后，单击 退出 按钮退出对话框。

9.4 综合练习

【练习9-12】： 打开素材文件"exb\第 9 章\9-12.exb"，如图 9-47 左图所示，将定位销创建为块，插入右侧孔中；左侧 $\phi10$ 的孔从图库中调入圆柱销，结果如图 9-47 右图所示。

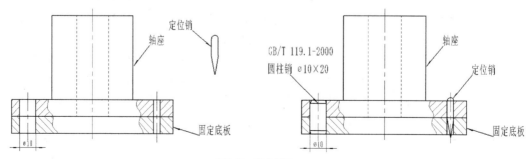

图9-47 综合练习

1. 在【插入】选项卡的【块】面板中单击 创建 按钮，此时命令行提示如下。

   拾取元素：   //框选定位销，然后右击

   基准点：   //单击定位销上方圆弧的圆心

2. 系统弹出【块定义】对话框，输入块的名称"定位销"，然后单击 确定(O) 按钮，完成块的创建，如图 9-48 所示。

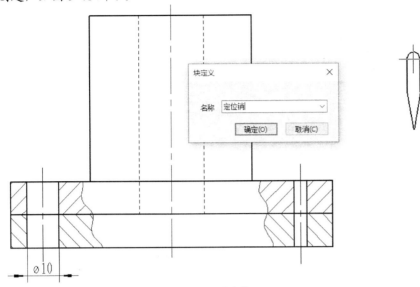

图9-48 定义块

3. 执行块插入命令，弹出【块插入】对话框，设置好【比例】和【旋转角】，如图 9-49 所示，然后单击 确定(O) 按钮。

4. 此时命令行提示"插入点"，选择右侧孔上方的中心点，完成定位销的插入，结果如图 9-50 所示。

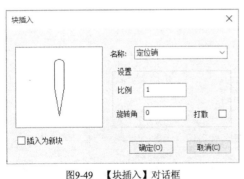

图9-49 【块插入】对话框

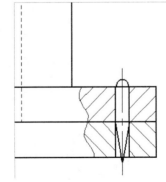

图9-50 插入定位销

5. 选择菜单命令【图库】/【插入图符】，弹出【插入图符】对话框，如图 9-51 所示。在该对话框中双击文件夹"销"/"圆柱销"，选择【GB/T119.1-2000 圆柱销】，然后单击 下一页(N) > 按钮，选择直径为"10"、长度为"18～95"的圆柱销，如图 9-52 所示，单击 完成 按钮。

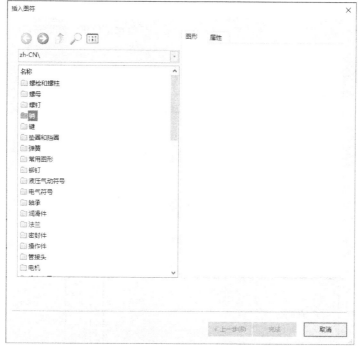

图9-51 【插入图符】对话框

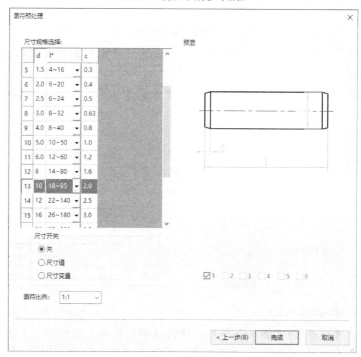

图9-52 选择销

6. 此时命令行提示如下。

图符定位点：　　　　　　　　//单击左侧孔上面的中心点

旋转角：　　　　　　　　　　//移动十字光标，使销保持垂直，然后在垂直方向上单击

结果如图 9-47 右图所示。

9.5　习题

1.　绘制图 9-53 所示的轴座零件图，将轴座零件图定义为图符。

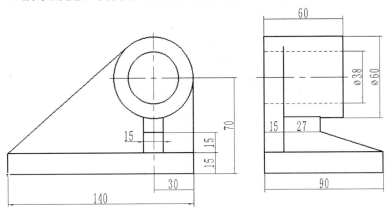

图9-53　轴座零件图

2.　从图库中调用螺栓（见图 9-54 上图），修改驱动尺寸，结果如图 9-54 下图所示。

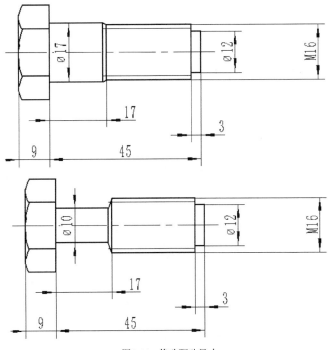

图9-54　修改驱动尺寸

操作提示

(1)　从图库中调用螺栓。

(2)　执行块分解命令。

(3)　将驱动尺寸"$\phi17$"修改为"$\phi10$"。

(4)　将驱动后的图形生成块。

3. 绘制图 9-55 所示的键，并将其定义成固定图符存入图库中。

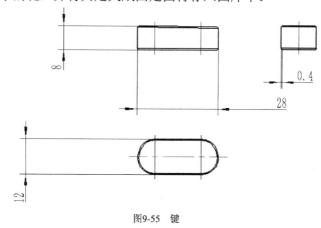

图9-55　键

第10章　系统查询

【学习目标】
- 学会查询坐标点。
- 学会查询两点距离。
- 学会查询角度。
- 学会查询元素属性。
- 学会查询周长。
- 学会查询面积。
- 学会查询重心。
- 学会查询惯性矩。
- 学会查询重量。

　　CAXA CAD 电子图板提供了系统查询功能，用户可以查询点的坐标、两点间的距离、角度、元素属性、周长、面积、重心、惯性矩及重量等，还可以将查询结果保存成文件。利用系统查询功能，用户可以方便地绘制与编辑图形。

10.1　系统查询功能

　　系统查询功能用于对图形元素进行参数查询。

10.1.1　坐标点查询

　　坐标点查询功能用于查询点的坐标。

命令启动方法
- 命令行：id。
- 菜单命令：【工具】/【查询】/【坐标点】。
- 选项卡：【工具】选项卡中【查询】面板上的 坐标点 按钮。

【练习10-1】：　打开素材文件"exb\第 10 章\10-1.exb"，如图 10-1 所示，查询螺钉左视图的中心坐标。

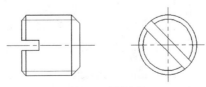

图10-1　素材文件

1.　执行查询坐标点命令，根据命令行提示选择左视图的圆心，然后右击。

2. 系统弹出【查询结果】对话框，显示查询到的点坐标，如图 10-2 所示。

图10-2 查询结果

用户可以同时拾取多个要查询的点，如果拾取成功，则绘图区中会出现以拾取颜色显示的点标识。关闭【查询结果】对话框后，被拾取到的点标识也随即消失。用户可以单击【查询结果】对话框中的 保存 按钮，将查询结果保存为文本文件。

> **要点提示** 一般，查询坐标点命令查询的是各种工具点方式下的一些特征点的坐标，用户可以按空格键，利用弹出的工具点菜单选择需要的点方式（如果对工具点菜单的快捷键比较熟悉，则不必按空格键，直接按所需要的点方式快捷键即可），随后就可以移动十字光标至绘图区内单击，以拾取要查询的点，查询到的点坐标是相对于当前用户坐标系的。另外，用户可以在系统配置中设置要查询的坐标的小数位数。

10.1.2 两点距离查询

两点距离查询功能用于查询两点之间的距离（包括两点的坐标，两点坐标分量差值和两点距离）。

命令启动方法

- 命令行：dist。
- 菜单命令:【工具】/【查询】/【两点距离】。
- 选项卡:【工具】选项卡中【查询】面板上的 两点距离 按钮。

【练习10-2】: 打开素材文件"exb\第 10 章\10-2.exb"，如图 10-3 所示，查询两点距离。

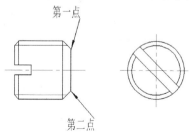

第一点

第二点

图10-3 素材文件

1. 执行查询两点距离命令，命令行提示如下。

　　　　拾取第一点: 　　　　　　　　　　　　　　　　　　　//单击第一点

拾取第二点：　　　　　　　　　　　　　　　　//单击第二点

2. 系统弹出【查询结果】对话框，显示查询到的两点距离，如图 10-4 所示。

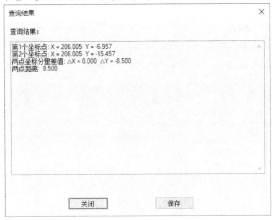

图10-4　查询结果

要点提示　一般采用工具点菜单来拾取两点。

10.1.3　角度查询

角度查询功能用于查询圆弧的圆心角、两线夹角和三点夹角。

1. **命令启动方法**
- 命令行：angle。
- 菜单命令：【工具】/【查询】/【角度】。
- 选项卡：【工具】选项卡中【查询】面板上的 ▲角度 按钮。

2. **立即菜单说明**

执行查询角度命令后，在界面左下角弹出立即菜单，在立即菜单【1】下拉列表中可以选择不同的查询方式，如图 10-5 所示。

图10-5　立即菜单

(1) 圆心角查询。

【练习10-3】：　打开素材文件"exb\第 10 章\10-3.exb"，如图 10-6 所示，查询圆弧的圆心角。

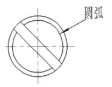

图10-6　素材文件（1）

1. 执行查询角度命令，在立即菜单【1】下拉列表中选择【圆心角】选项。

2. 根据命令行提示拾取圆弧，系统弹出【查询结果】对话框，显示查询到的圆心角，如图 10-7 所示。

图10-7　查询结果（1）

> **要点提示** 用户还可以在系统配置里设置要查询的角度的小数位数。

(2) 两线夹角查询。

【练习10-4】： 打开素材文件"exb\第 10 章\10-4.exb"，如图 10-8 所示，查询两线夹角。

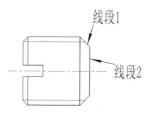

图10-8　素材文件（2）

1. 执行查询角度命令，在立即菜单【1】下拉列表中选择【两线夹角】选项。
2. 此时命令行提示如下。

　　　　拾取第一条直线：　　　　　　　　　　　　　　　　//选择线段 1
　　　　拾取第二条直线：　　　　　　　　　　　　　　　　//选择线段 2

3. 系统弹出【查询结果】对话框，显示查询到的两线夹角，如图 10-9 所示。

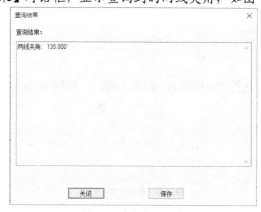

图10-9　查询结果（2）

（3）　三点夹角查询。

【练习10-5】：　打开素材文件"exb\第 10 章\10-5.exb"，如图 10-10 所示，查询三点夹角。

图10-10　素材文件（3）

1.　执行查询角度命令，在立即菜单【1】下拉列表中选择【三点夹角】选项。
2.　此时命令行提示如下。

　　　　拾取夹角的顶点：　　　　　　　　　　　　　　　　　//单击顶点
　　　　拾取夹角的起始点：　　　　　　　　　　　　　　　　//单击起始点
　　　　拾取夹角的终止点：　　　　　　　　　　　　　　　　//单击终止点

3.　弹出【查询结果】对话框，显示查询到的三点夹角，如图 10-11 所示。

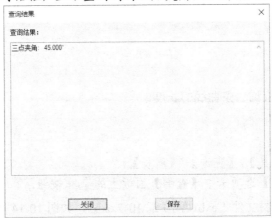

图10-11　查询结果（3）

10.1.4　元素属性查询

元素属性查询功能用于查询拾取到的对象的属性，并以列表的方式显示出来。

【练习10-6】：　打开素材文件"exb\第 10 章\10-6.exb"，如图 10-12 所示，查询圆弧元素
　　　　　　　　属性。

图10-12　素材文件

1.　执行查询元素属性命令，根据命令行提示拾取要查询属性的图形元素圆弧 1，然后右击。
2.　系统弹出【记事本】窗口（如未显示该窗口，请将操作系统中".txt"格式文件的默认
　　打开应用程序设置为记事本），显示查询到的各个元素属性，如图 10-13 所示。

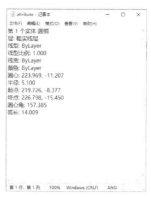

图10-13　查询结果

用户可以在【记事本】窗口中选择菜单命令【文件】/【保存】，将查询结果保存为文本文件。

> **要点提示** 查询图形元素的属性，这些图形元素包括点、直线、圆、圆弧、尺寸、文字、块、剖面线、零件序号、图框、标题栏、明细表及填充等。用户可以在系统配置里设置要查询的属性值的小数位数。

10.1.5　周长查询

周长查询功能用于查询一条曲线的长度。

命令启动方法

- 命令行：circum。
- 菜单命令：【工具】/【查询】/【周长】。
- 选项卡：【工具】选项卡中【查询】面板上的 周长 按钮。

【练习10-7】： 打开素材文件"exb\第 10 章\10-7.exb"，如图 10-14 所示，查询圆的周长。

图10-14　素材文件

1. 执行查询周长命令，根据命令行提示拾取要查询周长的曲线。
2. 系统弹出【查询结果】对话框，显示查询到的曲线的长度，如图 10-15 所示。

图10-15　查询结果

查询一条曲线的长度，这条曲线可以由多段基本曲线或高级曲线连接而成，但必须保证曲线是连续的，中间没有间断。

10.1.6 面积查询

面积查询功能用于查询一个或多个封闭区域的面积，封闭区域可以由基本曲线形成，也可以由高级曲线形成，还可以由基本曲线与高级曲线组合而成。

1. 命令启动方法

- 命令行：area。
- 菜单命令：【工具】/【查询】/【面积】。
- 选项卡：【工具】选项卡中【查询】面板上的 □面积 按钮。

2. 立即菜单说明

执行查询面积命令后，在界面左下角弹出立即菜单，在立即菜单【1】下拉列表中可以选择以增加面积或减少面积的方式查询面积。

- 增加面积：开始查询面积时，初始面积为 0，以后每拾取一个封闭区域，均在已有面积上累加新的封闭区域的面积，直至右击结束拾取，随后绘图区内的十字光标变成沙漏形状，表明系统正在进行面积计算，计算结束时沙漏光标消失，弹出【查询结果】对话框，显示查询到的面积。
- 减少面积：开始查询面积时，初始面积为 0，以后每拾取一个封闭区域，均在已有面积上累减新的封闭区域的面积，直至右击结束拾取。

【练习10-8】：打开素材文件"exb\第 10 章\10-8.exb"，如图 10-16 所示，查询图形中阴影部分的面积。

1. 执行查询面积命令，在立即菜单【1】下拉列表中选择【增加面积】选项。
2. 根据命令行提示拾取环内一点，单击阴影部分的任意一点。
3. 将立即菜单【1】下拉列表中的选项改为【减少面积】，单击无阴影内部的任意一点。
4. 右击，弹出【查询结果】对话框，显示查询到的面积，如图 10-17 所示。

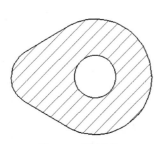

图10-16 素材文件

图10-17 查询结果

10.1.7 重心查询

重心查询功能用于查询一个或多个封闭区域的重心,封闭区域可以由基本曲线形成,也可以由高级曲线形成,还可以由基本曲线与高级曲线组合而成。

1. 命令启动方法

- 命令行:barcen。
- 菜单命令:【工具】/【查询】/【重心】。
- 选项卡:【工具】选项卡中【查询】面板上的 ⬚重心 按钮。

2. 立即菜单说明

执行查询重心命令后,在界面左下角弹出立即菜单,在立即菜单【1】下拉列表中可以选择以增加环或减少环的方式查询重心。

【**练习10-9**】: 打开素材文件 "exb\第 10 章\10-9.exb",如图 10-18 所示,查询凸轮内空白部分的重心位置。

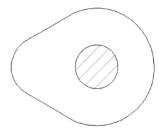

图10-18 素材文件

1. 执行查询重心命令,在立即菜单【1】下拉列表中选择【增加环】选项。
2. 此时命令行提示如下。

　　　　拾取环内一点: 　　　　　　　　　　　　　　//单击凸轮内小圆外的任意一点
3. 在立即菜单【1】下拉列表中选择【减少环】选项。

　　　　成功拾取到环,拾取环内一点: 　　　　　　//单击小圆内部的任意一点,然后右击
4. 系统弹出【查询结果】对话框,显示查询到的重心,如图 10-19 所示。

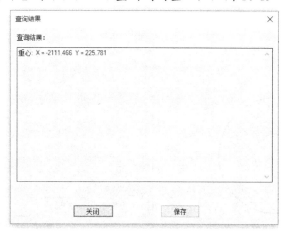

图10-19 查询结果

10.1.8 惯性矩查询

惯性矩查询功能用于查询一个或多个封闭区域相对于任意回转轴、回转点的惯性矩，封闭区域可以由基本曲线形成，也可以由高级曲线形成，还可以由基本曲线与高级曲线组合而成。

1. **命令启动方法**
- 命令行：iner。
- 菜单命令：【工具】/【查询】/【惯性矩】。
- 选项卡：【工具】选项卡中【查询】面板上的 惯性矩 按钮。

2. **立即菜单说明**

执行查询惯性矩命令后，在界面左下角弹出立即菜单，如图 10-20 所示。在立即菜单【1】下拉列表中可以选择以增加环或减少环的方式查询惯性矩，【2】下拉列表中有【坐标原点】【Y 坐标轴】【X 坐标轴】【回转点】【回转轴】5 种选择方式。选择【坐标原点】【Y 坐标轴】【X 坐标轴】其中一个选项，可查询所选择区域相对于当前坐标系的惯性矩；选择【回转点】【回转轴】其中一个选项，可自定义回转点和回转轴，然后系统会根据用户的设定来计算惯性矩。

图10-20 立即菜单

【练习10-10】： 打开素材文件"exb\第 10 章\10-10.exb"，如图 10-21 所示，查询凸轮外轮廓内空白部分相对于凸轮外轮廓竖直中心线的惯性矩。

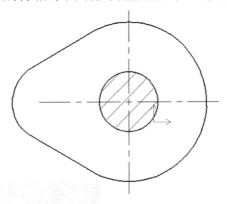

图10-21 素材文件

1. 执行查询惯性矩命令，在立即菜单【1】下拉列表中选择【增加环】选项，在【2】下拉列表中选择【Y 坐标轴】选项。
2. 根据命令行提示，单击凸轮外轮廓内空白区域中的任意一点。
3. 在立即菜单【1】下拉列表中选择【减少环】选项，单击小圆内部的任意一点。
4. 右击，弹出【查询结果】对话框，显示查询到的惯性矩，如图 10-22 所示。

图10-22　查询结果

10.1.9　重量查询

重量查询功能通过拾取绘图区中的面、直线距离及手动输入等方法得到简单几何实体的各种尺寸参数，结合密度数据自动计算出设计实体的重量。

1.　命令启动方法

- 命令行：weightcalculator。
- 菜单命令：【工具】/【查询】/【重量】。
- 选项卡：【工具】选项卡中【查询】面板上的 重量按钮。

2.　对话框说明

执行查询重量命令，弹出图 10-23 所示的【重量计算器】对话框。该对话框中的多个模块可以相互配合计算出零件的重量。

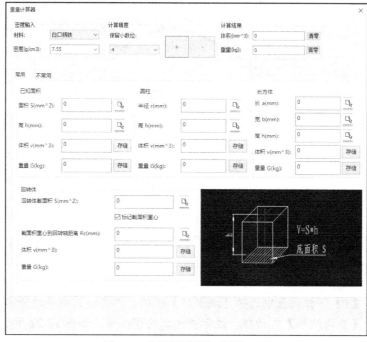

图10-23　【重量计算器】对话框（1）

(1) 【密度输入】分组框：用于设置当前参与计算的实体的密度。【材料】下拉列表提供了常用材料的密度数据供计算时调用，选择所需材料后，此材料的密度会被直接显示在【密度(g/cm³)】下拉列表框中。用户也可以直接在【密度(g/cm³)】下拉列表框中输入材料密度。

(2) 【计算精度】分组框：用于设置计算精度，即计算的结果保留到小数点后几位。

(3) 【计算结果】分组框：可以选择多种基本实体的计算公式，通过拾取或手动输入获取参数，计算出零件体积。

(4) 【常用】和【不常用】选项卡中包含了多种实体体积的计算工具。用户可以直接输入参数值或单击 按钮在绘图区拾取对象，单击 存储 按钮可以将当前的计算结果按照相关设定累加。

【练习10-11】： 打开素材文件"exb\第 10 章\10-11.exb"，如图 10-24 所示，查询重量。

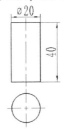

图10-24 素材文件

1. 执行查询重量命令，弹出【重量计算器】对话框。

2. 在【圆柱】分组框中的【半径 r(mm)】文本框中输入"10"，在【高 h(mm)】文本框中输入"40"，如图 10-25 所示。此时下方的体积和重量栏会自动计算出结果。

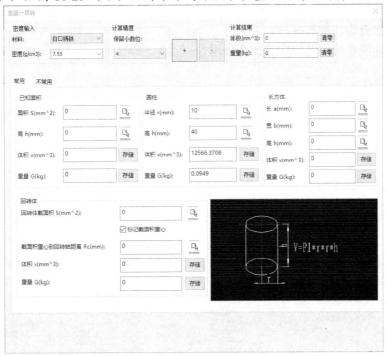

图10-25 【重量计算器】对话框（2）

> **要点提示**　在查询重量功能中，长度的单位为毫米（mm），面积的单位为平方毫米（mm²），而重量的单位为千克（kg）。

10.2　习题

1. 绘制图 10-26 所示的扇形垫板，并利用系统查询功能进行以下查询操作。
(1) 查询外轮廓线的周长。
(2) 查询 $\phi15$ 圆的周长，并与实际计算值进行比较。
(3) 查询图形对 x 轴、y 轴的惯性矩。
(4) 查询图形的重心位置，判断是不是在坐标原点。

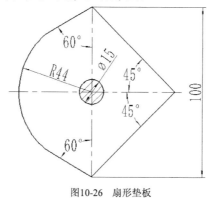

图10-26　扇形垫板

操作提示

在查询点坐标和两点距离的过程中，注意使用工具点菜单精确定位。

2. 常用的系统查询功能有哪些？
3. 系统查询功能在绘图过程中有什么作用？